Berichte aus dem Institut für Umformtechnik der Universität Stuttgart

Herausgeber: Prof. Dr.-Ing. K. Lange

69

Jobst H. Kerspe

Hydrostatisches Fließpressen: Verfahrensparameter und Werkstückeigenschaften

Mit 69 Abbildungen und 5 Tabellen

Springer-Verlag
Berlin Heidelberg New York Tokyo 1983

Dipl.-Ing. Jobst H. Kerspe
Institut für Umformtechnik
Universität Stuttgart

Dr.-Ing. Kurt Lange
o. Professor an der Universität Stuttgart
Institut für Umformtechnik

D 93

ISBN-13:978-3-540-12537-2   e-ISBN-13:978-3-642-82075-5
DOI: 10.1007/978-3-642-82075-5

Gesamtherstellung: Copydruck GmbH, Offsetdruckerei, Industriestraße 1-3, 7251 Heimsheim, Telefon 0 70 33/38 25-26
2362/3020—543210

GELEITWORT DES HERAUSGEBERS

Die Umformtechnik zeichnet sich durch sehr gute Werkstoffaus-
wertung und hohe Mengenleistung in der Serienfertigung gegenüber anderen Fertigungsverfahren aus, wobei Beibehaltung der
Masse, Änderung der Festigkeitseigenschaften während eines Vorgangs und elastische Rückfederung der Werkstücke nach einem
Vorgang wesentliche Merkmale sind. Weiter sind die benötigten
Kräfte, Arbeiten und Leistungen sehr viel größer als z.B. bei
spanenden Verfahren. Die sichere Beherrschung eines Verfahrens
in der industriellen Fertigung und die zunehmende Forderung
nach Vermeidung bzw. Minimierung spanender Nacharbeit erzwingen
die geschlossene Betrachtung des Systems "Umformende Fertigung"
unter zentraler Berücksichtigung plastizitätstheoretischer,
werkstoffkundlicher und tribologischer Grundlagen.

Das Institut für Umformtechnik der Universität Stuttgart stellt
entsprechend Forschung und Entwicklung zum einen auf die Erar-
beitung von Grundlagenwissen in diesen Bereichen ab, zum anderen
untersucht und entwickelt es Verfahren unter Anwendung speziel-
ler Meßtechniken mit dem Ziel einer genauen quantitativen Ermittlung des Einflusses der Parameter von Vorgang, Werkstoff,
Werkzeug und Maschine. Die Behandlung von Problemen des Maschi-
nenverhaltens, der Maschinenkonstruktion sowie der Werkzeugaus-
legung und '-beanspruchung, der Auswahl hochbeanspruchbarer,
verschleißfester Werkzeugbaustoffe und schließlich der Tribo-
logie gehört entsprechend ebenfalls zum Arbeitsgebiet, das
durch die Erfassung organisatorischer und betriebswirtschaft-
licher Fragen abgerundet wird.

Im Rahmen der "Berichte aus dem Institut für Umformtechnik" erscheinen in zwangloser Folge jährlich mehrere Bände, in denen
über einzelne Themen ausführlich berichtet wird. Dabei handelt
es sich vornehmlich um Abschlußberichte von Forschungsvorhaben,
Dissertationen, aber gelegentlich auch um andere Texte. Diese
Berichte sollen den in der Praxis stehenden Ingenieuren und
Wissenschaftlern zur Weiterbildung dienen und eine Hilfe bei
der Lösung umformtechnischer Aufgaben sein. Für die Studieren-

den bieten sie die Möglichkeit zur Vertiefung der Kenntnisse.
Die seit zwei Jahrzehnten bewährte freundschaftliche Zusammen-
arbeit mit dem Springer-Verlag sehe ich als beste Voraussetzung
für das Gelingen dieses Vorhabens an.

                                        Kurt Lange

<u>Vorwort</u>

Die Untersuchungen zur vorliegenden Arbeit wurden während meiner Tätigkeit als wissenschaftlicher Mitarbeiter am Institut für Umformtechnik der Universität Stuttgart durchgeführt.

Herrn Professor Dr.-Ing. K. Lange danke ich für seine wohlwollende Unterstützung und Förderung bei der Anfertigung der Arbeit, sowie auch für die zahlreichen Hinweise und Anregungen.

Für die eingehende Durchsicht der Dissertation und die sich daraus ergebenen Anregungen bin ich Herrn Prof. Dr.-Ing. P. Funke sehr dankbar.

Mein Dank gilt nicht zuletzt auch allen Mitarbeiterinnen und Mitarbeitern des Instituts für Umformtechnik, die durch ihre tätige Hilfe meine Arbeit unterstützt haben.

Die Mittel zur Durchführung wurden von der Deutschen Forschungsgemeinschaft zur Verfügung gestellt.

Heidelberg, Februar 1983

                    Jobst Kerspe

Inhaltsverzeichnis

Größen, Einheiten, Abkürzungen

A	mm²	Querschnittsfläche
A_g	%	Gleichmaßdehnung
A_5	%	Bruchdehnung
d	mm	Druchmesser
F	N	Kraft
HV	–	Vickershärte
h	mm	Höhe
k_f	N/mm²	Fließspannung
k_w	N/mm²	Umformwiderstand
l	mm	Länge
N	–	Lastspielzahl, Lastwechsel
p	N/mm², kbar	Druck
$R = \dfrac{A_o}{A_1}$	–	Querschnittsverhältnis
R_p	µm	Glättungstiefe
R_t	µm	Rauhtiefe
s	mm	Schmierfilmdicke
T	°C, K	Temperatur
v	mm/s	Geschwindigkeit
VVFP	–	Voll-Vorwärts-Fließpressen
W	Nmm	Arbeit
Z	%	Brucheinschnürung
z	‰	Übermaß
$2\,\alpha$	Grad	Matrizenwinkel
$2\,\alpha$	Grad	Rohteilanspitzwinkel
α_K	J/cm²	Kerbschlagzähigkeit
ε_v	–	örtliche Vergleichsformänderung
$\varphi = \ln R$	–	Umformgrad
μ	–	Reibzahl
η	m Pa s, N s mm^{-2}	dynamische Viskosität
η_F	–	Umformwirkungsgrad
σ	N/mm²	Spannung
σ_D	N/mm²	Dauerschwingfestigkeit

<u>Indizes</u>

a	Außen-
f	Fugen-
i	Innen-
m	Mittel-
o	Ober-
u	Unter-
z	Zug-
0	Zustand am Matrizeneintritt
1	Zustand am Matrizenaustritt

0   Einleitung

Das Fließpressen von Metallen wird aufgrund der guten Werk-
stoffausnutzung, des herstellbaren Teile- und Formenspektrums
und der Maßgenauigkeit und Oberflächengüte der Teile in immer
stärkerem Maße industriell angewendet. Bedingt durch den Wunsch,
immer größere Umformgrade in einem Arbeitsgang zu realisieren, wird zunehmend die zulässige mechanische Belastung der
Werkzeugwerkstoffe erreicht bzw. überschritten. Mögliche Verfahrensvarianten zielen daher auf eine Verringerung des Kraft-
bedarfs ab.

Bei der Verarbeitung verschiedener Stahlwerkstoffe bietet sich das Halbwarmfließpressen [2] an. Im Temperaturbereich
zwischen Blausprödigkeit und Rotbruch sinkt die Fließspannung
der in der Regel für das Fließpressen verwendeten Stähle
bereits so erheblich ab, daß eine nennenswerte Entlastung der
Werkzeuge zu verzeichnen ist.

Die Untersuchung einer anderen möglichen Variante, des hydrostatischen Fließpressens, ist das Ziel der vorliegenden Arbeit.
Insbesondere durch die völlige Trennung von Werkstück und Aufnehmer sowie z. T. hydrodynamische Schmierungsbedingungen im
Bereich der Umformzone wird bei diesem Verfahren eine wesentliche Verringerung der erforderlichen Stempelkräfte und damit
auch eine geringere Werkzeugbelastung erreicht [3]. Gegenüber
dem Halbwarmfließpressen fällt die Erwärmung der Werkstücke
und damit auch die thermische Belastung der Werkzeuge weg.

Nach DIN 8583 wird zwischen Fließpressen mit Werkzeug und
Fließpressen mit Wirkmedium unterschieden. Während im ersten
Fall die Umformkraft vom Stempel direkt auf das allseits vom
Werkzeug umschlossene Werkstück übertragen wird, ist beim
hydrostatischen Fließpressen das Rohteil vom Wirkmedium -
auch Druckübertragungsflüssigkeit genannt - umgeben (s. Bild
1). Im weiteren Verlauf der Arbeit soll das Fließpressen mit
Werkzeug auch als "konventionelles Fließpressen" bezeichnet
werden.

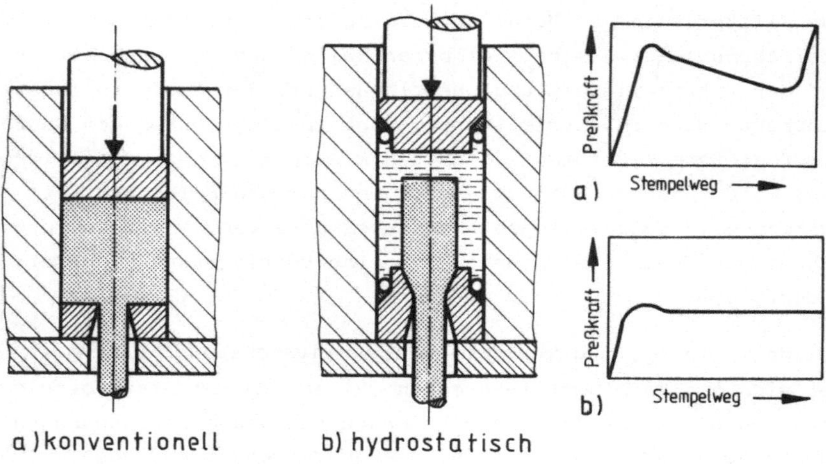

Bild 1: Vergleich zwischen Fließpressen mit Werkzeug und Fließ-
        pressen mit Wirkmedium (hydrostatisches Fließpressen).

Die seitliche Abstützung des Rohteils verhindert dessen Aufstauchen und Anlegen an die Aufnehmerwand - der Wegfall der
Wandreibung ist die Folge. Es können demnach Rohteile mit be-
liebig großem l_o/d_o-Verhältnis bzw. komplizierter Ausgangs-
geometrie verpreßt werden.

Die Druckflüssigkeit, die gleichzeitig auch Schmierungsfunktion übernehmen sollte, wird zudem unter günstigen Bedingungen mit in die Umformzone gefördert und setzt so auch hier die
Reibungsverluste erheblich herab.

Nachteilig wirken sich vor allem Dichtungsprobleme, zusätzliche Handhabungszeiten für das Einfüllen der Druckflüssigkeit
und das häufig zu beobachtende unkontrollierte, ruckhafte Aus-
treten des Werkstücks aus. Im Schrifttum wird dies mit dem Begriff "Stick-Slip-Verhalten" umschrieben; in schneller Folge
wechseln in der Umformzone Haft- und Gleitreibung einander ab
und das fließgepreßte Teil weist mehr oder weniger starke
Durchmesserschwankungen auf.

Ebenfalls zum Fließpressen mit Wirkmedium ist das Hydrofilm-
Verfahren [4] zu zählen, bei dem nur noch ein Flüssigkeits-
film das Rohteil umschließt. Das kleinere Flüssigkeitsvolumen
verringert die Gefahr von Druckschwingungen.

Erste, auch industrielle Anwendung fanden die Verfahrensvarianten mit hydrostatischer Druckübertragung jedoch lediglich auf
dem Gebiet des Strangpressens [5, 6]. Höhere Blockgewichte und
größere Stranggeschwindigkeiten als beim konventionellen
Strangpressen wiegen die Verluste durch zusätzliche Handhabungszeiten auf.

Insbesondere einige Ergebnisse von Werkstoff- und Werkstück-
untersuchungen an hydrostatisch stranggepreßten Produkten legen den Schluß nahe, dieses Verfahrensprinzip auch auf seine
Übertragbarkeit für das Voll-Vorwärts-Fließpressen zu untersuchen.

1   <u>Stand der Erkenntnisse</u>

Gegen Ende des 19. Jahrhunderts wurde von Robertson in den USA die Möglichkeit entdeckt, Metalle durch Anwendung einer unter hohem Druck stehenden Flüssigkeit umzuformen. Dieses Verfahren, hydrostatisches Pressen genannt, ist dadurch gekennzeichnet, daß die Druckflüssigkeit das Rohteil umschließt und so keine Wandreibung zum Aufnehmer hin auftreten kann. Die Vorteile dieser Version des Fließ- bzw. Strangpressens, das dann maßgeblich von Pugh [7] untersucht wurde, lassen sich wie folgt zusammenfassen:

1. Niedrigere Preßkräfte durch günstige Reibungsbedingungen
2. Verpreßbarkeit sehr langer Rohteile mit großem l_o/d_o-Verhältnis (die Stützwirkung der Druckflüssigkeit verhindert Aufstauchen des Rohteils)
3. Verwendung eines Aufnehmers für unterschiedlichste Rohteilgeometrien und Durchmesser (bis hin zum aufgespulten Draht)
4. Verarbeitung spröder Werkstoffe
5. Verwendung von dünnwandigen Werkzeugeinsätzen mit kleinen Matrizenwinkeln möglich; dadurch homogenere Umformung.

Der Kraft-Weg-Verlauf beim hydrostatischen Fließpressen ist durch einen kontinuierlichen Übergang vom Bereich des Kraftanstiegs zum Bereich der notwendigen Preßkraft und durch eine konstante Preßkraft über der gesamten Preßlänge gekennzeichnet. Eine gleichmäßigere und niedrigere Belastung der Werkzeuge ist die Folge. Voraussetzung für den beschriebenen Kraft-Weg-Verlauf ist jedoch, daß die Rohteile mit einer Kegel-Spitze versehen werden und das beim hydrostatischen Pressen häufig zu beobachtende Stick-Slip-Verhalten nicht auftritt. Diese durch starke Kraftschwankungen, ungleichmäßige Austrittsgeschwindigkeit und Rattermarken auf dem Werkstück gekennzeichnete Erscheinung [8, 9] tritt besonders bei großen Flüssigkeitsvolumina, niedrig viskosen Druckflüssigkeiten und niedrigen Preßgeschwindigkeiten auf [9, 10, 11].

Zur Vermeidung der unerwünschten Geschwindigkeitsdiskontinui-
täten wurden Verfahrensvarianten mit mechanischer Unterstützung
des Rohteils durch den Stempel vorgeschlagen [8]. Das Verfahren
ist jedoch durch einen aufwendigen Werkzeugaufbau gekennzeichnet. Fiorentino [12] schlug das sogenannte Dickfilm- oder
Hydrafilm-Verfahren vor. Durch Verringerung des Flüssigkeitsvolumens einerseits sowie Verwendung hochviskoser, pastöser
Schmierstoffe wird die Gefahr des Stick-Slip-Verhaltens
weitestgehend minimiert und außerdem die Einbringung der Druckflüssigkeit erheblich vereinfacht, was zu kürzeren Handhabungszeiten führt.

Die das Werkstück umgebende Druckflüssigkeit übernimmt in den
meisten Fällen gleichzeitig die Aufgaben eines Schmierstoffs.
Nicht nur zur Vermeidung des Stick-Slip-Verhaltens, sondern
auch zur Erzielung optimaler Reibungsbedingungen ist es daher
notwendig, das zu verwendende Druckmedium sorgfältig auszu-
wählen. In [4] hebt Fiorentino deshalb die Notwendigkeit hervor, den Schmierstoff zu optimieren. Ruppin und Müller berich-
ten in [13], daß der sich ausbildende Schmierfilm im Bereich
der Umformzone stark störempfindlich ist, was zu unsymmetri-
schem Fließen führt und teilweise bei weichen Werkstoffen
durch tiefe,von ausschießender Flüssigkeit in das Werkstück
eingegrabene Kanäle sichtbar wird. Der oben beschriebene Kraft-
Weg-Verlauf stellt demnach den Idealfall dar, den es durch
sorgfältige Auswahl der reibungsbeeinflussenden Parameter ein-
zustellen gilt.

Die Druckverhältnisse in der Umformzone und die sich daraus
ergebenden tribologischen Verhältnisse wurden von verschiedenen
Autoren untersucht [9, 10, 14]. Hierbei hat sich gezeigt, daß
die Druckflüssigkeit nicht etwa in die Umformzone gepreßt wird,
sondern daß eine bestimmte Rohteilgeschwindigkeit notwendig
ist, damit Schmierstoff gefördert wird.

Eine Schwierigkeit des Verfahrens stellt die Abdichtung des
Druckraums dar. Flüssigkeitsdrücke bis 20 kbar gilt es zwischen Stempel /Matrize und Aufnehmer abzudichten. Die Dichtung
zwischen Matrize und Aufnehmer ist dabei relativ unproblema-

tisch, weil es sich hierbei um ein statisches Dichtelement
handelt.

Bei den im Schrifttum beschriebenen Dichtungssystemen zwischen
Stempel und Aufnehmer werden die benutzten O-Ringe und Kupfer-
elemente zusätzlich zu dem abzudichtenden Druck noch durch
die von der Bewegung des Stempels in der Aufnehmerbohrung her-
vorgerufene Reibung belastet. Die dadurch bedingten äußerst
geringen Standzeiten der Dichtungselemente in Verbindung mit
langen Rüstzeiten hatten mit zur Folge, daß in der Vergangen-
heit das hydrostatische Strangpressen nur in geringem Umfang
industriell angewandt wurde.

In neuerer Zeit wird jedoch vermehrt vor allem aus Japan,
Großbritannien, Schweden und der Sowjetunion über die industrielle Anwendung des hydrostatischen Strangpressens auch niedrig-
legierter Stähle berichtet [5, 6, 15, 16, 17, 18]. Besonders
Rohre und komplizierte Profile werden auf diese Art hergestellt, wobei die Produkte sich nach Meinung der Autoren
durch gute Oberflächenbeschaffenheit und Maßgenauigkeit aus-
zeichnen. Hinzu kommen eine hohe Gesamtausbeute und beim Einsatz großer Blockgewichte, damit langen Preßzeiten, im Verhält-
nis ertragbare Handhabungszeiten, die zumeist noch dadurch
verringert werden, daß nach dem Hydrafilm-Verfahren gearbeitet wird.

Aufgrund der sehr guten tribologischen Bedingungen auch im
Bereich der eigentlichen Umformzone ergibt sich für das
hydrostatische Strangpressen ein weiterer Vorteil, indem die
Verwendung sehr schlanker Matrizen mit kleinen Matrizenöffnungs-
winkeln möglich ist. Von Pugh [7] angegebene, bezüglich der
Stempelkraft optimale Schulteröffnungswinkel liegen etwa bei
$2\alpha = 15°$ bis $2\alpha = 40°$, je nach Verfestigungsverhalten des
Werkstoffs.

Die Matrizen können sehr dünnwandig ausgeführt werden, da bei
der Mehrzahl der bekannten Werkzeugkonstruktionen die Abstützung durch die Druckflüssigkeit erfolgt. Vorteilhaft sind

kleine Einlaufwinkel vor allem, weil bei diesen durch geringe
Scherung die Verteilung der örtlichen Formänderungen über dem
Werkstückquerschnitt gleichmäßiger wird [7, 19]. Kleine Matri-
zenwinkel haben in der Regel auch einen längeren Preßrest zur
Folge; durch die Druckflüssigkeit ist es beim hydrostatischen
Strangpressen jedoch möglich, völlig ohne Preßrest zu arbei-
ten. Beim Fließpressen werden aber zumeist Teile mit kurzen
Schulterbereichen gefordert, so daß eher Matrizen mit großen
Matrizenwinkeln eingesetzt werden.

Ein weiterer Punkt, der bei der Behandlung des hydrostatischen
Strangpressens vielfach Erwähnung findet, ist das Werkstoffverhalten unter hohem Druck. Neben der Temperatur hat der
Spannungszustand wesentlichen Einfluß auf das Formänderungsver-
mögen eines Werkstoffs; so ermöglichen Druckspannungen größere
Formänderungen. Der rein hydrostatische Spannungszustand bewirkt zwar allein keine bleibenden Formänderungen, durch Über-
lagerung auf einen anderen Grundspannungszustand lassen sich
aber hohe Umformgrade erzielen. Bereits Mohr [20] erkannte,
daß die kritische Schubspannung in vielen Fällen von dem Spannungszustand abhängt - verdeutlicht durch die zum Druckspan-
nungsgebiet hin geöffnete Hüllparabel der Spannungskreise. In
der Folge durchgeführte Versuche brachten erste konkrete Meßergebnisse [21, 22], die in neuerer Zeit durch weitere grundlegende Untersuchungen [23, 19] vertieft wurden.

Die Wirkung hydrostatischen Druckes läßt sich auf ein veränder-
tes Werkstoffverhalten zurückführen, wobei nach zwei Mechanis-
men unterschieden werden muß. Einerseits kommt es zu reversib-
len Fließspannungsänderungen, die z. T. auf eine Änderung der
elastischen Konstanten unter Druck zurückzuführen sind [23].
Verbunden ist dies gleichzeitig mit einer erheblichen Zunahme an Duktilität. Der reversible Vorgang führt zu einer etwa
1%igen Fließspannungszunahme je kbar Druckanstieg [19] - nach
dem Abbau des Druckes geht diese "Verfestigung" wieder zurück.
Bei hohen Umformgraden ist häufig die Bildung von Poren und
Rissen zu beobachten. Die Umformung unter hohem hydrostatischen Druck verhindert diesen Effekt. Durch einen höheren Anteil der Stufenversetzungen an der Abgleitung erfolgt bei der

Umformung unter Druck eine zusätzliche Verfestigung zugunsten
der verringerten Volumenzunahme - diese irreversible Festig-
keitszunahme ist jedoch nur sehr gering.

Die hier beschriebenen Wirkungsmechanismen gelten naturgemäß
für alle Umformverfahren unter Druck, also auch für das konventionelle Fließpressen. Der Vorteil, den das hydrostatische
Fließpressen durch einen höheren hydrostatischen Druckspannungs-
anteil bietet, dürfte daher bei den meisten Werkstoffen nur
gering sein. Insbesondere die Möglichkeit, spröde Werkstoffe
zu verarbeiten, ist jedoch hierdurch zu erklären.

Über Werkstückeigenschaften hydrostatisch gepreßter Produkte
wird nur wenig berichtet [5, 6, 7]. Besonders hervorgehoben
werden dann die Oberflächengüte, gute enge Maßtoleranzen und
besondere Gefügemerkmale, wie Feinkörnigkeit [18, 24].

Aufgrund der anhand des Schrifttums gewonnenen Erkenntnisse
sind durch das hydrostatische Fließpressen vor allem niedrigere Umformkräfte und eine homogenere Umformung zu erwarten.

2   <u>Aufgabenstellung und Lösungsweg</u>

Die Ziele der Untersuchungen zum hydrostatischen Voll-Vorwärts-
Fließpressen lassen sich in die folgenden drei Bereiche unter-
gliedern:

1. Erprobung und Optimierung eines Werkzeuges mit
   statischem Dichtungselement
2. Bestimmung günstiger Verfahrensparameter
3. Ermittlung von Werkstückeigenschaften .

Wie die Auswertung des Schrifttums gezeigt hat, treten erhebliche technische Schwierigkeiten bei der Anwendung des hydrostatischen Pressens durch hohen Verschleiß der Dichtungen auf.
Ausgehend vom Konzept eines statischen Dichtungssystems [3]
werden in der vorliegenden Arbeit grundlegende Untersuchungen
an diesem Werkzeugsystem durchgeführt, um zum einen die Belastbarkeit des Werkzeugs zu ermitteln und andererseits notwendige Änderungen durchzuführen.

Ein weiteres häufig im Schrifttum diskutiertes Problem ist
der Stick-Slip-Effekt. Versuche mit unterschiedlichen Druckflüssigkeiten führen zu optimierten tribologischen Bedingungen.
Weitere Verfahrensparameter,die untersucht werden, sind die
Rohteilgeometrie, der Matrizenöffnungswinkel und der Umformgrad. Die hierzu notwendigen Versuche werden mit verschiedenen Werkstoffen durchgeführt.

Visioplastische Untersuchungen dienen der Ermittlung des Werkstoffflusses - und zwar vergleichend zwischen hydrostatischem
und konventionellem Verfahren.

Unter Verwendung von im Stauchversuch ermittelten Fließkurven wird der Kraftbedarf mit Hilfe verschiedener Rechenansätze
aus dem Schrifttum bestimmt und die Ergebnisse mit dem prak-
tisch ermittelten Kraftbedarf verglichen.

Schließlich werden die mechanischen und geometrischen Eigenschaften der unter verschiedenen Versuchsbedingungen umgeformten Werkstücke ermittelt.

Im Rahmen einer abschließenden Wertung wird versucht, eine
Aussage über den möglichen industriellen Einsatz des hydrostatischen Fließpressens zu gewinnen.

3   Versuchseinrichtungen und Versuchsdurchführung

3.1   Umformwerkzeug

Ein von Sheljaskow am Institut für Umformtechnik [25] ent-
wickeltes Werkzeug zum hydrostatischen Voll-Vorwärts-Fließpressen diente auch für die vorliegende Arbeit als Versuchswerkzeug.

Bild 2: Versuchswerkzeug eingebaut in ein 4-Säulen-
        Gestell.

Von anderen aus dem Schrifttum bekannten Werkzeugkonzepten
[4, 7, 26] unterscheidet es sich vor allem durch die folgenden Merkmale:

    1. Auslegung für das Voll-Vorwärts-Fließpressen
    2. keine zusätzlichen Dichtungselemente zwischen
       Matrizeneinsatz und Aufnehmer

3. statische Dichtung zwischen Stempel und Aufnehmer

Der Aufbau des gesamten Werkzeuges läßt sich anhand des Bildes 3 erkennen.

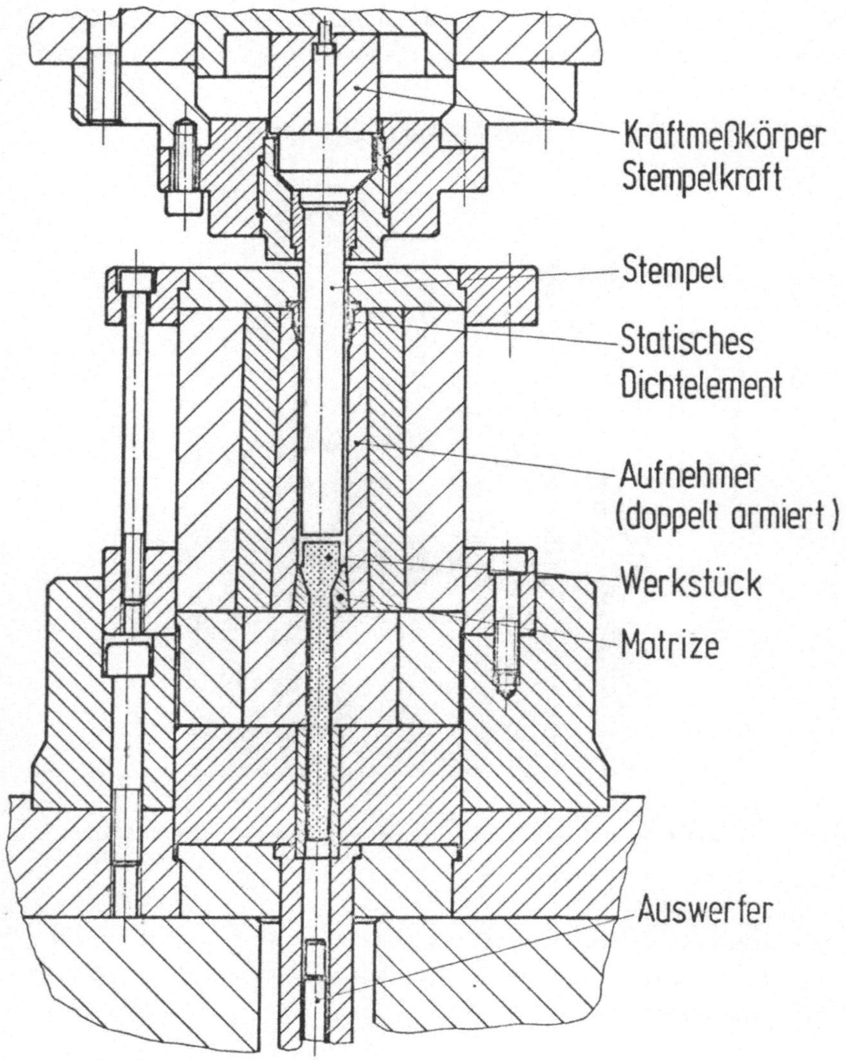

Bild 3: Prinzipielle Darstellung des verwendeten Versuchswerkzeugs.

Entsprechend der Zielsetzung, das Fließpressen zu untersuchen,
ist ein Auswerfer vorgesehen mit insgesamt 220 mm Hub; die Auswerfer einschließlich der Führung sind austauschbar, um eine
Abstimmung auf die verschiedenen Werkstückdurchmesser vorneh-
men zu können. Außerdem sind die Auswerfer einseitig über ihre
ganze Länge plan geschliffen, so daß die aus der Umformzone
austretende Druckflüssigkeit nach unten ablaufen kann.

3.1.1 Aufnehmer

Der Aufnehmer - mit einem Außendurchmesser von 200 mm und
einem Bohrungsdurchmesser von 30,2 mm - ist zweifach armiert.
Unter Zugrundelegung dieser Durchmesserverhältnisse ist der
Verband auf einen zulässigen Innendruck von p_{izul} = 1780 N/mm²
(entsprechend 17,8 kbar) ausgelegt [27].

Zur Aufnahme der Matrizen und des Dichtungselementes weist die
innere Hülse des Aufnehmers jedoch größere Innendurchmesser
(d_{imax} = 42 mm) als den oben genannten auf. Der rechnerisch
ermittelte zulässige Innendruck vermindert sich dadurch auf
p_{izul} = 1540 N/mm². Dieser Wert liegt im Bereich dessen, was
in der Regel im Schrifttum für die Belastbarkeit der verwendeten Versuchswerkzeuge angegeben wird [26, 28, 29], erreicht
aber nicht die Werte, die in der Kaltmassivumformung für Fließ-
preßwerkzeuge angegeben werden. Um diese Belastbarkeitsgrenzen
zu erreichen, müßte der Aufnehmer insgesamt größer dimensio-
niert werden.

Die drei Hülsen des Schrumpfverbandes wurden von außen nach
innen gefügt, das Übermaß betrug z = 4,5 ‰ in der äußeren
und z = 7 ‰ in der inneren Fuge.

Die Gesamthöhe des Aufnehmers beträgt 210 mm, wovon nach Abzug
der Einbauhöhen von Dichtungselement und Matrize noch 153 mm
als nutzbare Höhe verbleiben.

3.1.2   <u>Matrizen</u>

Die Matrizeneinsätze haben eine Gesamthöhe von 35 mm. Über
einen Kegelsitz mit 5 ° Kegelwinkel werden sie in den Aufnehmer eingesetzt. Das Übermaß gegenüber der Aufnehmerbohrung
beträgt z = 3,5 ‰ bis 4 ‰. Beim Zusammenbau des Werkzeuges
werden die Matrizen durch leichten Druck eingesetzt und anschließend durch axiales Verspannen des gesamten Verbundes
gegen die Werkzeuggrundplatte vollends eingedrückt. Die durch
das Übermaß erzeugte Fugenpressung reicht rechnerisch nur zur
Abdichtung des Druckraumes bis p = 10 kbar aus. Bei den Versuchen hat sich gezeigt, daß ab einem hydrostatischen Druck
p = 10 kbar der Innendurchmesser des Aufnehmers bereits so
stark elastisch aufgeweitet und die Vorspannung der Matrize
abgebaut wird, daß es zu Rissen an den Matrizeneinsätzen kommt.
Die Geometrie der Matrizen hat hierauf auch einen gewissen
Einfluß; so sind die Einsätze mit größeren Schulteröffnungswinkeln und großen Innendurchmessern bereits bei kleineren
Winkeln gerissen, weil hier im Bereich der Umformzone ungünsti-
gere Durchmesserverhältnisse vorliegen. Die Beseitigung dieses Fehlers setzt sowohl eine stärkere radiale Vorspannung der
Matrizeneinsätze als auch größere axiale Vorspannung des Ge-
samtverbandes voraus. Aufgrund der schlanken, dünnwandigen
Form der Matrizen, verbunden mit unstetigen Durchmesseränderun-
gen, sind jedoch der Erhöhung der Vorspannung Grenzen gesetzt.
Rechnerisch müßte ein Übermaß von z = 6 ‰ zum sicheren Vorspannen und Abdichten bis zu hydrostatischen Drücken von
p = 13 kbar vorliegen.

Schwierigkeiten bereitete beim bestehenden Werkzeug auch das
axiale Vorspannen des Werkzeuges. Die Ausführung mit einer
aufgelegten Scheibe und 6 Schrauben (M 16) erwies sich als
nicht ausreichend steif, um genügend hohe Vorspannung in axia-
ler Richtung zu erzielen. Ein im Zeitraum der vorliegenden
Arbeit konzipiertes größeres Werkzeug ist daher mit einem sta-
bilen Zentralverschluß ausgerüstet.

Für die Versuche standen Matrizen mit Innendurchmessern
d_i = 25 mm, 20 mm, 17 mm, 15 mm, 10 mm zur Verfügung. Die

Schulteröffnungswinkel betrugen 2 α = 20 °, 30 °, 40 °, 60 °, 90 °, wobei aufgrund der Gesamthöhe der Werkzeugeinsätze die Winkel bis 2 α = 30 ° bei den kleinen Innendurchmessern nicht zu realisieren waren.

Alle Matrizen weisen eine Kalibrierzone von 1,5 mm Länge auf.

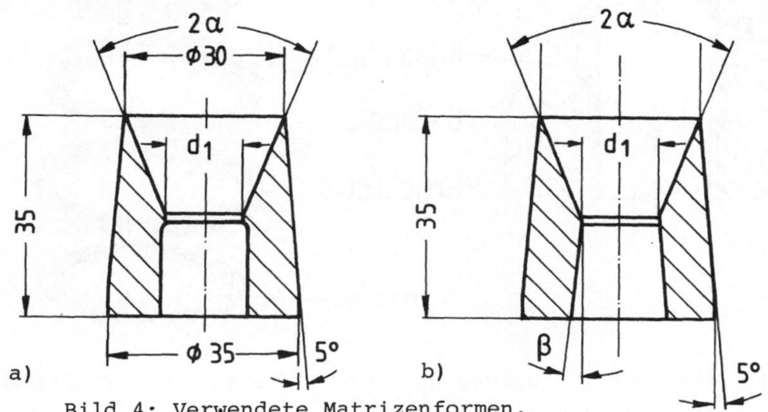

Bild 4: Verwendete Matrizenformen.

Anders als bei Matrizen für das Vorwärtsfließpressen üblich, war die Auslaufzone wiederum kegelig ausgebildet (Bild 4). Erste Versuche mit am Kalibrierbund hinterschnittenen Matrizeneinsätzen (Form a) im Bild 4) haben gezeigt, daß es beim Auswerfen zu starken Kaltverschweißungen am Werkstück kam, was einerseits den einander entgegengesetzten elastischen Verformungen von Werkzeug und Werkstück und andererseits den in dieser Phase herrschenden schlechten Schmierungsbedingungen zuzuschreiben ist. Der je nach verwendeter Druckflüssigkeit auf dem Werkstück verbleibende mehr oder weniger dünne Schmierfilm wird beim hinterschnittenen Werkzeug am Kalibrierbund abgestreift und es kommt zu metallischem Kontakt und damit verbundenem adhäsivem Verschleiß.

3.1.3 Dichtung

Wie bereits oben gesagt, wird der Druckraum stempelseitig durch ein statisches System abgedichtet. An den Stempel legt sich bei dessen Eintauchen in die Aufnehmerbohrung eine Stahl-

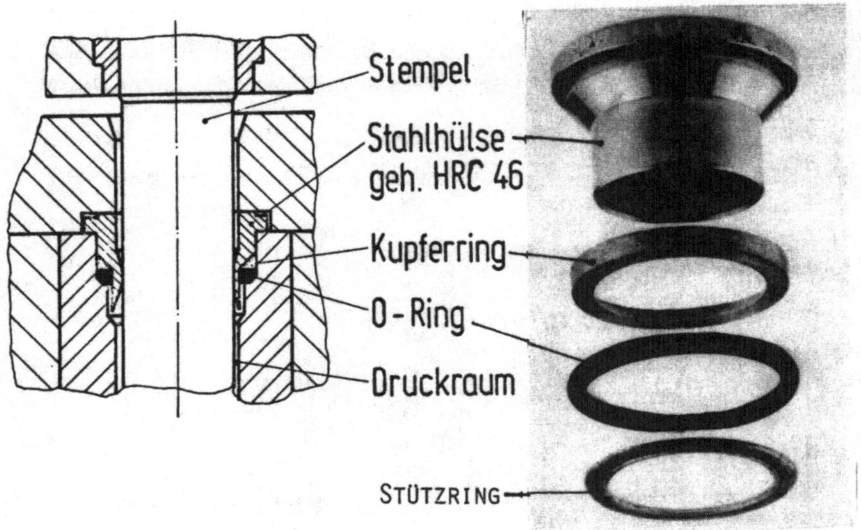

Bild 5: Statisches Dichtungssystem
zur stempelseitigen Ab-
dichtung des Druckraums
im eingebauten Zustand.

Bild 6: Einzelteile des
Dichtungssystems.

hülse an. Da der Druckraum bis hinter diese Hülse reicht, wird
sie mit ansteigendem hydrostatischem Druck zunehmend auf den
Stempel gepreßt, so daß dieser Übergang zuverlässig abgedichtet wird.

Außen, d. h. zur Aufnehmerbohrung hin, wird mit einem O-Ring
und einem Delta-Ring aus Kupfer abgedichtet. Um bei Druck-
entlastung zu verhindern, daß der O-Ring nach unten in den
Verbindungsspalt zum Druckraum verdrängt wird, befindet
sich hier noch ein Stützring (s. Bild 6). Dieses zusätzliche
Teil hat sich als notwendig erwiesen, um den anfänglich auftretenden schnellen Verschleiß am O-Ring zu verhindern.
Darüber hinaus läßt sich über die Dicke dieses Stützrings auf
einfache Art und Weise bei sonst gleichbleibender Geometrie
der übrigen Elemente die axiale Vorspannung des Dichtungspaketes verändern. Mit zunehmendem hydrostatischem Druck ist es not-

wendig, den O-Ring nicht nur radial stärker vorzuspannen - also
Ringe mit größerem Außendurchmesser einzusetzen - sondern auch
die axiale Vorspannung zu erhöhen. Von O-Ring-Herstellern wird
für normale Anwendungsgebiete in der Regel eine zulässige
Stauchung von etwa 6 % beim Einbau des Ringes angegeben. Im
vorliegenden Fall hat sich aber gezeigt, daß radiale Vorspan-
nungen in der Größenordnung von 10 % notwendig sind.

Die Härte der O-Ringe wurde bei anfänglichen Versuchen zwischen
60 und 90 Shore A variiert, mit einer Härte > 80 Shore A wurden
gute Dichtwirkung und akzeptable Standzeiten der O-Ringe erzielt.

Der O-Ringwerkstoff hatte in den untersuchten Fällen keinen
wesentlichen Einfluß auf die Dichtigkeit des Systems. Bei der
Verwendung von O-Ringen aus Viton (Fluor Elastomer) kam es
jedoch in Verbindung mit der verwendeten Druckflüssigkeit zur
Bildung von stark korrosiven Zersetzungsprodukten, die innerhalb eines Tages den Dichtungssitz zerstört haben. Vor dem Einsatz der O-Ringe empfiehlt es sich daher, diese für mindestens
48 h in der verwendeten Druckflüssigkeit auf ihre chemische
Beständigkeit zu überprüfen.

Die verwendeten Kupferringe - sogenannte Deltaringe - weisen
einen Dreiecksquerschnitt auf. Geometrie und Werkstoff bzw.
Festigkeit sind die die Wirkungsweise beeinflussenden Faktoren.
Wenn mit zunehmendem Systemdruck der Durchmesser der Aufnehmerbohrung und damit auch der Dichtungssitz elastisch aufgeweitet
wird, muß dieser Kupferring im Außendurchmesser ebenfalls
größer werden, um weiterhin zuverlässig abzudichten. Bei der
Verwendung von weichem Elektrolytkupfer und einem Anstiegswin-
kel des Deltarings von $\alpha = 45\,°$ wird der Kupferring in den sich
öffnenden Spalt zwischen Stahlhülse und Aufnehmer verdrängt,
bis schließlich O-Ring und Kupferring reißen und den Druckraum nicht mehr abdichten. Dies läßt sich einerseits durch die
Verwendung von Ringen höherer Festigkeit (etwa Beryllium-
Kupfer) oder durch Ringe mit flachem Anstieg ($\alpha = 30\,°$ statt
$\alpha = 45\,°$) verhindern.

Die den Stempel umschließende Stahlhülse wurde aus Ck 60 gefertigt und auf ca. 1100 N/mm² vergütet. Die am Stempel anliegende 16 mm lange zylindrische Fläche wurde auf Paßsitz geschliffen, ebenso wie die an der Aufnehmerbohrung anliegende
Fläche.

Eine die Lebensdauer dieses Elementes begrenzende Schwachstel-
le ist der Übergang von dem dünnwandigen, am Stempel anliegenden Hülsenteil auf den großen Außendurchmesser. Dieser Bereich
wird außer durch den hydrostatischen Druck auch durch die Vorspannung des Dichtungspaketes belastet. In der Regel nach 100
Arbeitszyklen wurde der dünnwandige Teil abgeschert. Durch eine
konstruktive Änderung, wobei der Übergang auf der Innenseite
weiter nach oben verlegt wurde, konnten geringfügig höhere
Standzeiten erzielt werden. Versuche mit anderen Werkstoffen
höherer Festigkeit konnten aus zeitlichen Gründen nicht mehr
durchgeführt werden.

Insgesamt lassen sich die Erfahrungen mit dem Dichtungssystem
dahingehend zusammenfassen, daß durch mehrere Einzelmaßnahmen,
wie gezielte O-Ringauswahl, Variation der geometrischen Verhältnisse am Deltaring und der Dichtungshülse sowie Erhöhung der
Vorspannung des Dichtungspakets hydrostatische Drücke bis
$p = 13$ kbar sicher abgedichtet wurden. Über die Lebensdauer des
Systems, insbesondere der Stahlhülse, können keine gesicher-
ten Aussagen gemacht werden. Bei wechselnden Maximaldrücken
zwischen $p = 8$ kbar und $p = 13$ kbar wurden Standzeiten von etwa
150 Arbeitszyklen erreicht. Konstruktive Änderungen,auch unter
Berücksichtigung der Einbauverhältnisse im Aufnehmer, sind
denkbar und erscheinen erfolgversprechend. Hierbei sind insbesondere die Übergänge zwischen den verschiedenen Durchmessern
zu ändern. Der Einbau von Metall-O-Ringen anstelle der Kombi-
nation O-Ring /Deltaring bietet sich ebenfalls an, konnte jedoch wegen der damit verbundenen konstruktiven Änderungen aus
Zeitgründen nicht mehr untersucht werden.

Ein direkter Vergleich der erreichten Standzeiten mit denen
bei anderen Systemen erzielten ist nicht möglich, da im
Schrifttum hierüber keine genauen Angaben gefunden wurden.

3.1.4 Meßeinrichtungen

Bei den Versuchen wurden der Stempelweg und die Stempelkraft
ermittelt und mit Hilfe eines x-y-Schreibers aufgezeichnet.
Der im Druckraum herrschende Flüssigkeitsdruck wurde aus der
gemessenen Stempelkraft und der Stempelquerschnittsfläche berechnet.

Da zu vermuten war, daß mit zunehmendem hydrostatischem Druck
die zwischen dem Dichtungselement auf dem Stempel auftretende
Reibungskraft größer werden und somit die nach der eben beschriebenen Vorgehensweise ermittelten Innendrücke zu groß
sind, wurde in einigen Versuchen der tatsächliche Flüssigkeitsdruck gemessen.

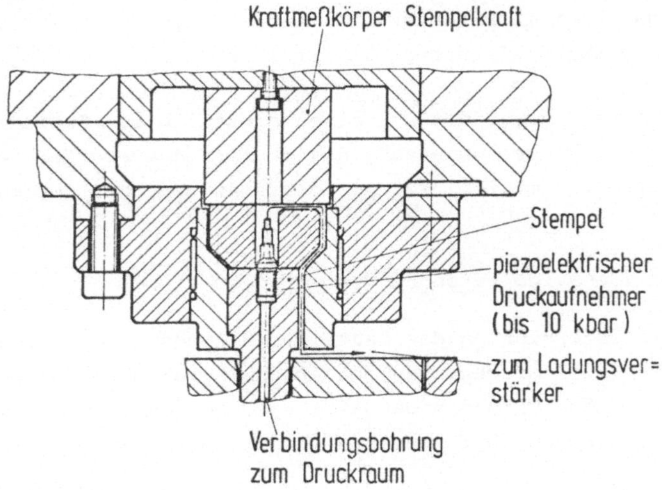

Bild 7: Einbau eines piezoelektrischen Druckaufnehmers
zur Messung des hydrostatischen Druckes

In einem zu diesem Zweck durchbohrten Stempel war ein piezo-
elektrischer Druckaufnehmer eingebaut (Bild 7). Die mit dieser
Vorrichtung gemessenen Drücke zeigten bis p = 8 kbar keinerlei
Abweichung zu den rechnerisch aus den gleichzeitig gemessenen
Stempelkräften ermittelten. Weitere Messungen bei noch höheren
Drücken waren nicht möglich, weil der durchbohrte Stempel dem
auftretenden Innendruck nicht standhielt.

Nach den vorliegenden Ergebnissen ist aber mit ausreichender Sicherheit anzunehmen, daß der Reibungseinfluß des Dichtungselementes auch bei höheren Drücken die Messungen nur geringfügig verfälscht.

3.2 Maschinelle Einrichtung

Alle Versuche wurden auf einer hydraulischen, dreifach wirkenden 6000 kN Presse durchgeführt. Aus Gründen des Werkzeugschutzes und um den Preßvorgang bei auftretenden Undichtigkeiten jederzeit unterbrechen zu können, mußte die Maschine im Einrichtbetrieb gefahren werden. Die damit realisierbare Stempelgeschwindigkeit betrug v_{St} = 55 mm/s (unter Last gemessen). Dies hat sich insbesondere im Hinblick auf die tribologischen Untersuchungen als nachteilig erwiesen.

Der Stempelhub wurde durch einen einstellbaren Festanschlag begrenzt. Unter Ausnutzung des maximalen Auswerferhubes konnten Teile mit maximal 220 mm Schaftlänge gepreßt werden.

3.3 Sonstige Versuchseinrichtungen

Für die Untersuchung des Bauteilverhaltens wurden, wie in Abschnitt 6.2.4 beschrieben, Dauerschwingversuche durchgeführt. Die für diese Versuche benötigten Proben mußten mit einem zweiten Einspannkopf versehen werden (Bild 8).

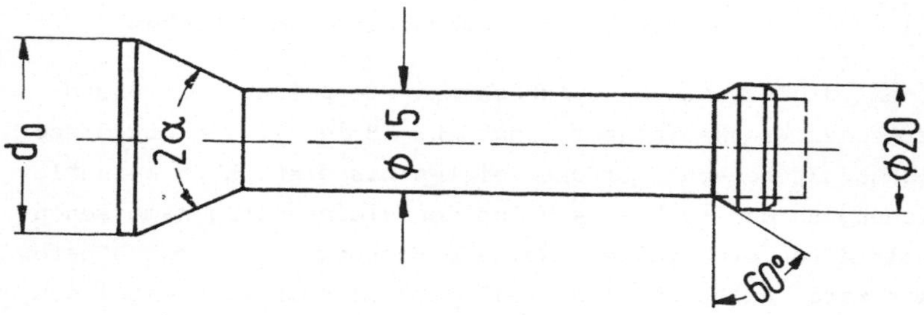

Bild 8: Bauteil für Dauerschwingversuche.

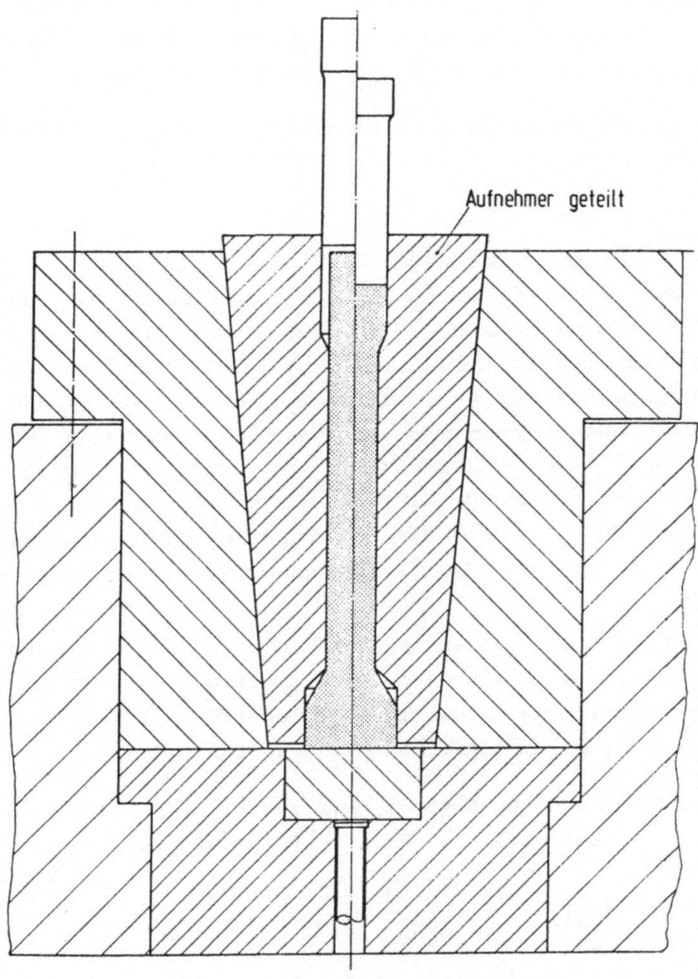

Bild 9: Schematische Darstellung des Werkzeugs zum Anstauchen von Einspannköpfen.

Das Bild 9 zeigt den prinzipiellen Aufbau des hierfür verwendeten Stauchwerkzeugs. Das fließgepreßte Teil wird in eine längs der Mittelachse geteilte Aufnahme gelegt. Beim Einsetzen der Aufnahme in eine Armierung wird der Schaft des Fließpreßteils eingespannt und abgestützt, so daß der obere freie Teil anschließend zu einem Kopf gestaucht werden kann.

(Über die übrigen benutzten Prüfmaschinen und Einrichtungen wird an den entsprechenden Stellen berichtet.)

3.4 Schmierung und Schmierstoffe

Hinweise im Schrifttum [4, 9, 11] deuten darauf hin, daß trotz der beim hydrostatischen Fließpressen zu erwartenden guten tribologischen Eigenschaften, die Auswahl der Schmierstoffe ausreichend sorgfältig durchgeführt werden muß. Bei bisher bekannt gewordenen Versuchen wurde z.T. der Weg beschritten, daß zwei unterschiedliche Stoffe zur Schmierung und zur Druckübertragung eingesetzt wurden. Aufgrund der Forderung nach einfacher Handhabung sollte bei den hier durchzuführenden Versuchen die Druckflüssigkeit gleichzeitig Schmierfunktion übernehmen.

Von Iyenger /Rice [9] wurden Formeln aufgestellt für die Bestimmung der zur Bildung bzw. Aufrechterhaltung der hydrodynamischen Schmierung notwendigen Teilegeschwindigkeiten. Es handelt sich dabei um die folgenden Grenzfälle:

a) Mindestgeschwindigkeit zur Bildung eines Schmierstoffkeils zwischen Rohteil und Matrize:

$$v_{Teil} > \frac{k_f \cdot s \cdot \tan\alpha}{6\,\eta}$$

b) Grenzgeschwindigkeit zur Aufrechterhaltung der hydrodynamischen Schmierungsbedingungen:

$$v_{Teil} > 2\,\sqrt{R}\;\frac{k_f \cdot s \cdot \tan\alpha}{6\,\eta}$$

Nicht berücksichtigt ist bei diesen Formeln die Abhängigkeit der Viskosität vom Druck und von der Temperatur. Der prinzipielle Zusammenhang ist jedoch gegeben und zeigt, welche Parameter bei der Auswahl der Schmierstoffe bzw. Druckflüssigkeiten beachtet werden müssen.

Die Gefahr des Stick-Slip-Verhaltens sollte weitestgehend minimiert werden, was außer vom Flüssigkeitsvolumen auch von der Schmierstoffviskosität beeinflußt wird. Neben guter Trennfähigkeit ist beim Voll-Vorwärts-Fließpressen darüber hinaus noch eine gute Haftfähigkeit des Schmierfilms zu fordern, damit auch beim Auswerfen des gepreßten Teils ein Anfressen verhindert werden kann. Von nur noch untergeordneter Bedeutung sollten beim hydrostatischen Fließpressen unterschiedliche Reibungsverluste bei der Verwendung verschiedener Schmierstoffe sein.

3.4.1   Schmierstoffauswahl

Unter Zugrundelegung der oben beschriebenen Auswahlkriterien

- Trennfähigkeit
- Haftfähigkeit
- Stick-Slip-Verhalten
- Handhabbarkeit
- Kraftbedarf

wurden mit dem Werstückwerkstoff Muk 7 Versuche zur Auswahl geeigneter Schmierstoffe durchgeführt. Bei den Schmierstoffen handelte es sich um Mineralöle mit EP-Zusätzen, um synthetische Öle speziell zum Fließpressen und um eine Emulsion eines synthetischen Wachses (Hoechst TMW 12) in Wasser. Versuchsweise wurden auch ein niedrig schmelzendes Wachs (Schmelzpunkt 40 °C) in fester Form - zu Tabletten gepreßt - auf das Werkstück aufgelegt. Die Erwärmung durch den hydrostatischen Druck und die entstehende Umformwärme sollten das Wachs aufschmelzen. Der gesamte Vorgang des Fließpressens läuft jedoch so schnell ab, daß das Wachs nur unvollkommen aufgeschmolzen wurde.

Einige Kraft-Weg-Verläufe, die mit unterschiedlichen flüssigen Schmierstoffen ermittelt wurden, zeigt das Bild 10. Zum einen

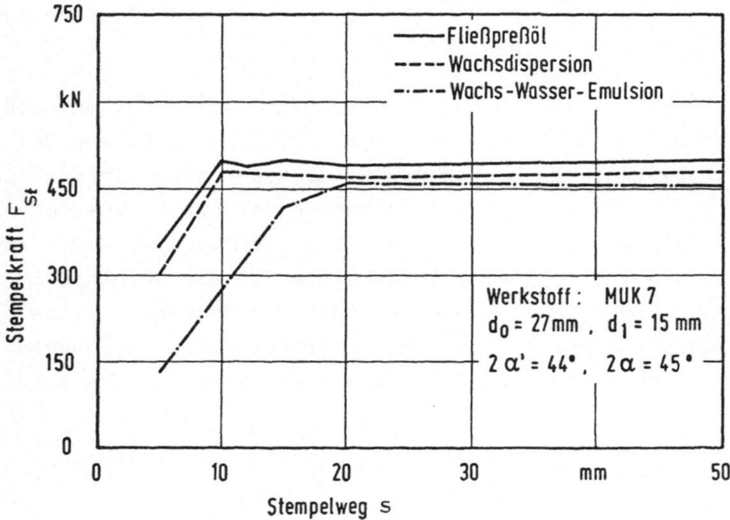

Bild 10: Beim hydrostatischen Fließpressen mit unterschiedlichen Druckflüssigkeiten ermittelte Kraft-Weg-
Verläufe.

zeigen sich Unterschiede in der erforderlichen maximalen Stempelkraft, wesentlicher ist jedoch der Übergangsbereich zwischen Kraftanstieg und dem Bereich konstanter Preßkraft. Bei
der Verwendung des Fließpreßöls tritt eine leichte Welligkeit
auf, die auf Stick-Slip-Verhalten hinweist. Ideal ist der sehr
gleichmäßige Übergang bei der Verwendung der Wachs-Wasser-
Emulsion (TMW 12).

Eine andere Darstellung zeigt im Bild 11 den Verlauf des
hydrostatischen Druckes in Abhängigkeit vom Stempelweg. Gegenübergestellt sind hier Ergebnisse, die mit einem Mineral-
öl mit EP-Zusätzen und dem oben erwähnten festen Wachs erzielt wurden. Beide Druck-Weg-Verläufe sind durch ausgeprägte
Kraftschwankungen gekennzeichnet, die sich auch durch "Rattermarken" am Werkstück nachweisen lassen (s. Bild 12). Im
Fall des festen Wachses ist dies auf das ungleichmäßige Aufschmelzen des Schmierstoffs zurückzuführen, während das Mineral-

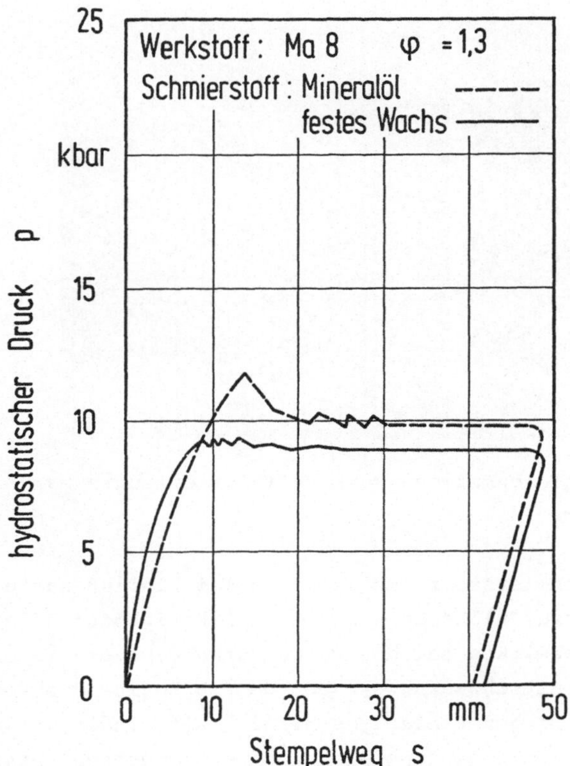

Bild 11: Druckschwankungen als Folge von Stick-Slip-Effekten
beim hydrostatischen Fließpressen.

öl eine für die Stempelgeschwindigkeit zu niedrige Viskosität
aufweist.

Bei den weiteren Versuchen wurde im Bereich zwischen 12 cm³
und 35 cm³ das Schmierstoffvolumen variiert. Dies geschah
z. T. durch eine Veränderung des Flüssigkeitsfüllstandes über
dem Rohteil und z. T. durch Verwendung unterschiedlicher Rohteildurchmesser.

Es hat sich gezeigt, daß die Stick-Slip empfindlichen
Schmierstoffe auf eine Zunahme des Flüssigkeitsvolumens mit
verstärkten Kraftschwankungen reagierten, wohingegen das

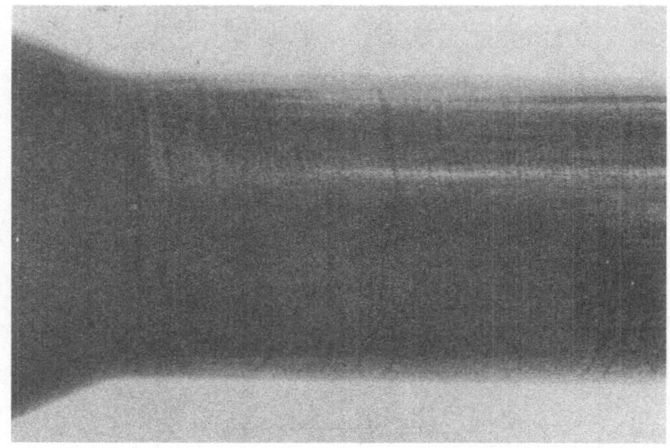

Bild 12: Durch ungleichmäßigen Werkstofffluß erzeugte Mar-
         kierungen.

Volumen bei dem Schmierstoff TMW 12 keinerlei Einfluß hatte.
Insbesondere größere Füllhöhen - ab 10 mm Flüssigkeitssäule
über der Probe - bewirken bei den verwendeten Ölen starke und
lang anhaltende Kraftschwankungen. Bei der zu Beginn des Vorgangs gegebenen geringen Rohteilgeschwindigkeit findet offen-
bar nur eine unzureichende Schmierung in der Umformzone statt,
was zu der in Bild 11 exemplarisch gezeigten Kraft- bzw. Druckspitze führt. Mit größer werdender Flüssigkeitsmenge und insbesondere höherem Schmierstofffüllstand ist das ganze System
zunehmend schwingungsfähiger und reagiert bei Druckabfall mit
stärkeren Druckschwankungen.

Als primäre Ursache für das Auftreten von Stick-Slip-Effekten
ist demnach Mangelschmierung zu Vorgangsbeginn zu nennen. Diese ist nach Iyenger und Rice [9] von der Werkstückgeschwindig-
keit und der Schmierstoffviskosität abhängig und verursacht
eine mehr oder weniger ausgeprägte Druckspitze. Der anschließen-
de Abbau der Druckspitze in Form einer unterschiedlich stark
gedämpften Schwingung hängt dann wiederum von der Schmierstoffviskosität und der Flüssigkeitsmenge ab.

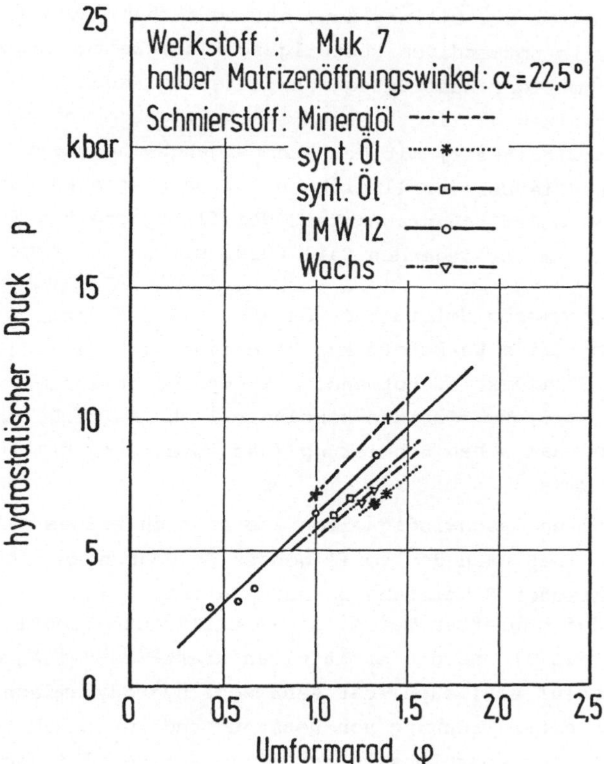

Bild 13: Einfluß unterschiedlicher Schmierstoffe auf den
Druck bei verschiedenen Umformgraden.

Bild 13 zeigt zusammengefaßt die Ergebnisse der Schmierstoffun-
tersuchungen für verschiedene Umformgrade. Die Wachs-Wasser-
Emulsion TMW 12 führt hiernach mit zu den höchsten Preßdrücken;
aufgrund der guten sonstigen Eigenschaften gemäß dem oben auf-
gestellten Forderungskatalog wurde sie für die weiteren Versuche eingesetzt.

Vom Hersteller dieser Wachs-in-Wasser-Emulsion wird eine
dynamische Viskosität von η = 51 mPa s angegeben. Mit den
von Iyenger und Rice [9] angegebenen Beziehungen

$$\text{a)} \quad v > \frac{k_f \, s \, \tan\alpha}{6 \, \eta} \qquad \text{und} \qquad \text{b)} \quad v > 2\sqrt{R} \, \frac{k_f \, s \, \tan\alpha}{6 \, \eta}$$

lassen sich die für die Bildung bzw. Aufrechterhaltung eines
Schmierstoffkeils notwendigen Rohteilgeschwindigkeiten berech-
nen. Bei gleichmäßiger Austrittsgeschwindigkeit, wenn also kein
Stick-Slip-Verhalten vorliegt, ist die Rohteilgeschwindigkeit
(Eintrittsgeschwindigkeit) mit der Stempelgeschwindigkeit
gleichzusetzen. Die Schmierfilmdicke s ist nach Angaben der
Autoren mit der Oberflächenrauhigkeit der fließgepreßten Teile
gleichzusetzen, im vorliegenden Fall wurde mit s = 2 µm gerechnet.
Bei einem angenommenen Umformgrad von φ = 1,3 und damit
k_{fm} = 470 N/mm² (beim Werkstoff Muk 7) ergibt sich die für die
Bildung eines Schmierkeils notwendige Stempelgeschwindigkeit
v_{St} = $1,7 \cdot 10^6$ mm/s,bzw. für die kontinuierliche Aufrechterhaltung der hydrodynamischen Schmierung (nach Gleichung b))
v_{St} > $5,9 \cdot 10^6$ mm/s.

Die so ermittelten Geschwindigkeiten lassen sich keinesfalls
realisieren, so daß nach den vorliegenden Berechnungen nicht
mit hydrodynamischer Schmierung zu rechnen ist.
Das Aussehen der gepreßten Teile, die Oberflächenmeßschriebe
(s. Abschnitt 6.3.1) und die ermittelten Kraft-Weg-Verläufe
lassen aber darauf schließen, daß sehr wohl hydrodynamische
Schmierung mit einer Trennung von Werkzeug und Werkstück vorge-
legen hat, auch der geschlossene Wachsfilm auf den fließgepreßten Teilen spricht dafür, daß entsprechende Mengen der
Druckflüssigkeit in die Umformzone gefördert wurden.
Wie weiter oben bereits erwähnt wurde, ist die Druck- und
Temperaturabhängigkeit der dynamischen Viskosität von Schmierstoffen in den obigen Beziehungen nicht berücksichtigt. Die
Erhöhung der Viskosität mit zunehmendem Druck ist aber prinzi-
piell aus Untersuchungen an hydrodynamischen Lagern bekannt
[54]. So sind in der genannten Arbeit verschiedenartige Schmierstoffe untersucht worden, wobei im Mittel die Viskosität um
den Faktor 1oo je 1 kbar Druckanstieg zunimmt. Teilweise wird
dieser Effekt kompensiert durch die mit zunehmender Temperatur
wieder abnehmende Viskosität. Insgesamt aber ist bei dem im
vorliegenden Fall herrschenden Druck von etwa 1o kbar mit einer
etwa tausendfachen Viskosität zu rechnen (gegenüber der dynamischen Viskosität bei Umgebungsdruck).
Darüberhinaus gilt es noch die folgende, bei den Versuchen ge-

machte Beobachtung zu berücksichtigen: Durch die Druckbelastung
wurde die Emulsion deutlich getrübt, was auf Ausscheidungen
von festen Wachspartikeln zurückgeführt wurde. Auch auf den
fließgepreßten Teilen hatte sich ein geschlossener Film aus
festem Wachs gebildet. Beides spricht dafür, daß die Emulsion
unter Druck gespalten wird und daß dann auch mit anderen Vis-
kositätskennwerten gerechnet werden muß, so weist das Wachs
gegenüber der Emulsion eine etwa 10 bis 20 mal größere dynamische Viskosität auf. Diese höhere Viskosität unterliegt dann
wieder der oben beschriebenen druckabhängigen Zunahme. Auch
wenn für den verwendeten Schmierstoff keine entsprechenden
Untersuchungsergebnisse vorliegen, kann doch davon ausgegangen
werden, daß im vorliegenden Fall mit der Stempelgeschwindigkeit von 55 mm/s hydrodynamische Schmierungsbedingungen er-
reichbar sind.

3.4.2 Einfluß der Rohteilgeometrie

Neben den oben genannten Parametern beeinflußt auch die Rohteilgeometrie den Druckverlauf zu Beginn des Vorgangs. Um
Werkstoff und aufwendige Bearbeitung der Rohteile zu sparen,
wäre es anzustreben, die Werkstücke nicht anzuspitzen. Durch
den Einsatz von gesägten oder gescherten Stababschnitten wird
aber das Zentrieren der Rohteile im Aufnehmer erheblich er-
schwert. Zudem tritt zu Beginn des Fließpreßvorgangs ein deutliches Kraftmaximum auf, das häufig zu Kraftschwankungen und
unstetigen Austrittsgeschwindigkeiten (Stick-Slip) führt. Bei
den im Bild 14 dargestellten Ergebnissen wurde im Versuch der
Anspitzwinkel 2 α der Rohteile variiert. Ist der Kegelwinkel
des Werkstücks kleiner als der Matrizenwinkel 2 α, so ge-
schieht zweierlei :

1. Es wird bereits frühzeitig der Umformvorgang eingeleitet
   und zwar mit niedrigeren Umformgraden. Nach den Gleichungen
   im Abschnitt 3.4.1 bildet sich wegen des kleineren k_{fm}
   bereits bei niedrigeren Rohteilgeschwindigkeiten ein Flüs-
   sigkeitskeil aus.

2. Aufgrund der geometrischen Verhältnisse wird der Druckraum
   vom Werkstück auslaufseitig gegen die Matrize abgedichtet
   - dadurch ist bereits vor Beginn des Vorgangs ein Schmier-
   stoffkeil ausgebildet.

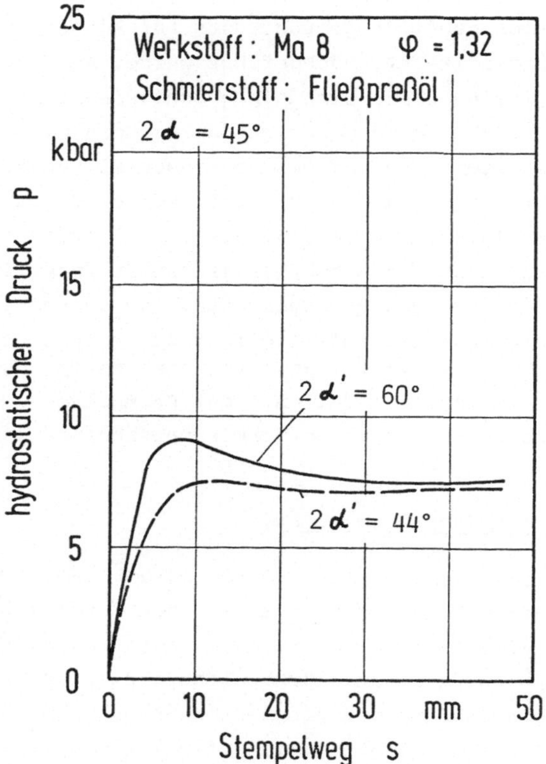

Bild 14: Einfluß des Probenanspitzwinkels 2 α auf den
Druckverlauf.

Beides ändert sich bei gegenüber dem Matrizenöffnungswinkel
großen Anspitzwinkeln, wodurch das Kraftmaximum (Bild 14) zu
Beginn des Vorgangs hervorgerufen wird. Als günstig haben
sich Anspitzwinkel α' erwiesen, die um 1 bis 2 Grad kleiner
sind als der halbe Matrizenwinkel. Derart vorbereitete Rohteile lassen sich außerdem gut zentrieren und dichten den
Druckraum vor dem eigentlichen Fließpreßvorgang ausreichend
nach außen hin ab.

Die Höhe des Kegels spielt keine Rolle, wie einige Versuche
gezeigt haben, bei denen die Länge der Probenspitze zwischen
6 mm und 25 mm variiert wurde. Aus Gründen der Zentrierbar-
keit haben sich hier 10 mm lange Spitzen als vorteilhaft erwiesen.

3.5 Versuchswerkstoffe

Für das Versuchsprogramm wurden die in Tabelle 1 aufgeführten
Werkstoffe eingesetzt.

Tabelle 1: Versuchswerkstoffe zum Voll-Vorwärts-Fließpressen.

Werkstoff	Werkstoff-Nr.	Anlieferungs-zustand	d mm	Wärmebe-handlung [1]	k_{fo} [2] N/mm²	Härte [2] HV 30
Muk 7	1.0204	gewalzte Stäbe	30	–	240	100
Ck 45	1.1191	" "	35	–	340	168
Cf 53	1.1213	" "	40	x	410	220
20 MnCr 5	1.7147	" "	40	x	340	155
42 CrMo 4	1.7225	" "	40	x	410	210

1 Wärmebehandlung : ϑ = 700°C geglüht auf GKZ

2 mechanische Kennwerte der Proben

Von allen Werkstoffen wurden Fließkurven mit Hilfe des Zylin-
derstauchversuchs aufgenommen (Probenabmessungen: h = 16 mm,
d = 10 mm). Die Bilder 15 bis 19 (Seite 44 bis 46) zeigen
die im Versuch ermittelten Fließkurven und die Darstellung als
Polynome 3. Grades. Im Kapitel 4 wird im Zusammenhang mit den
Kraftberechnungen noch näher auf die Fließkurven eingegangen.
Einige Angaben zum Gefüge und weiteren mechanischen Kennwerten
sind im Kapitel 6 aufgeführt.

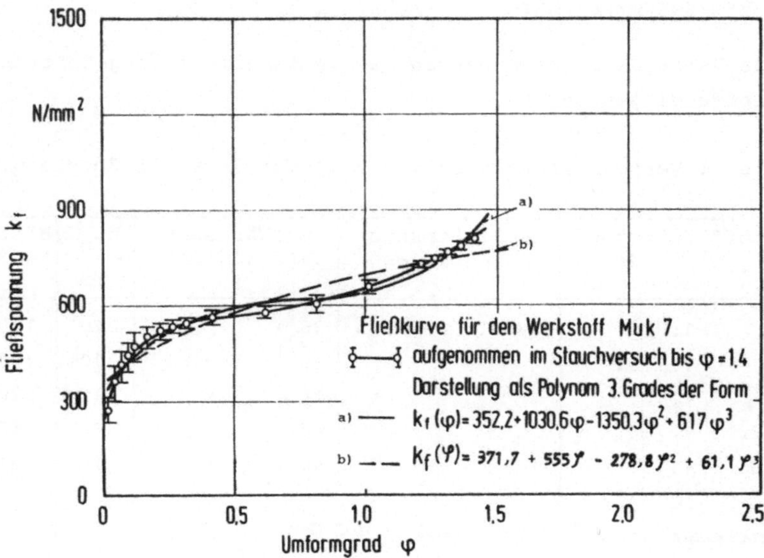

Bild 15: Fließkurve für den Werkstoff Muk 7.

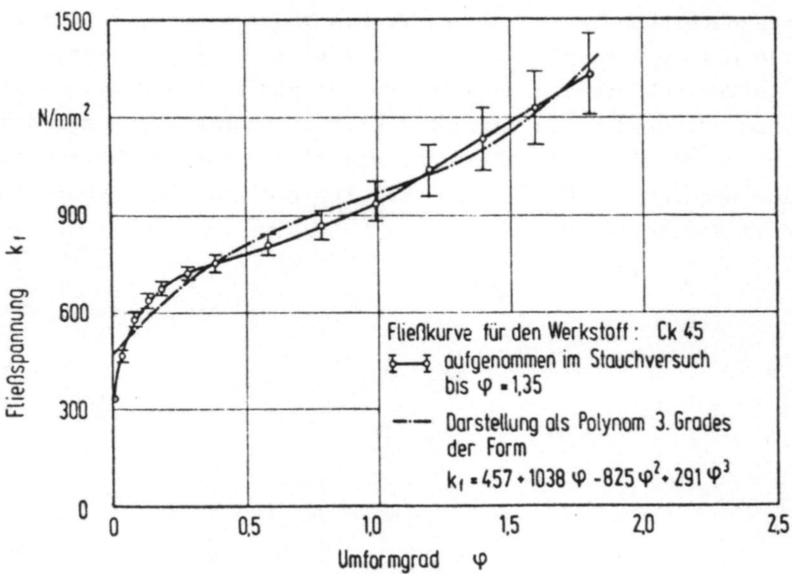

Bild 16: Fließkurve für den Werkstoff Ck 45.

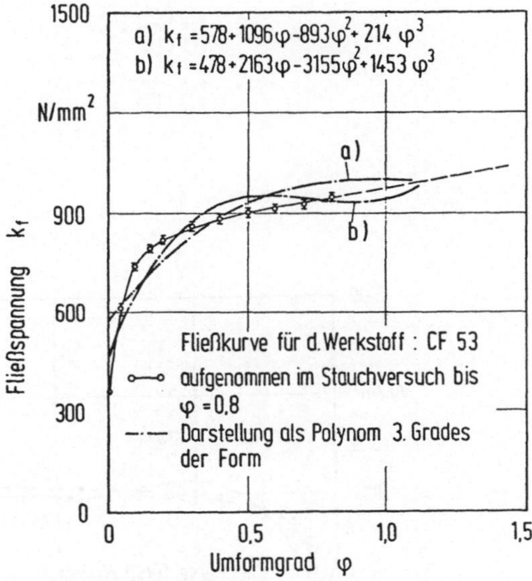

Bild 17: Fließkurve für den Werkstoff Cf 53.

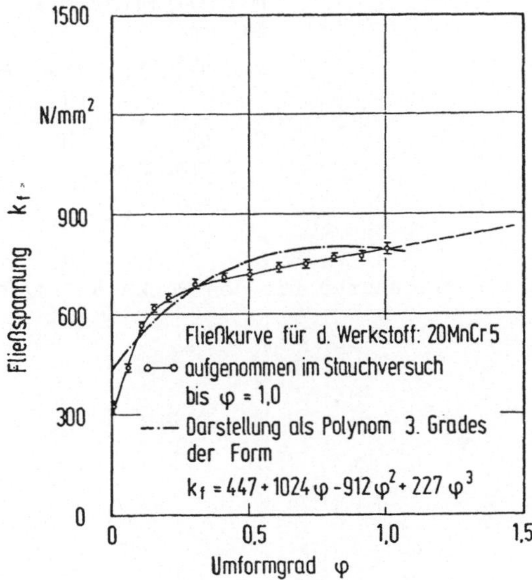

Bild 18: Fließkurve für den Werkstoff 20 MnCr 5.

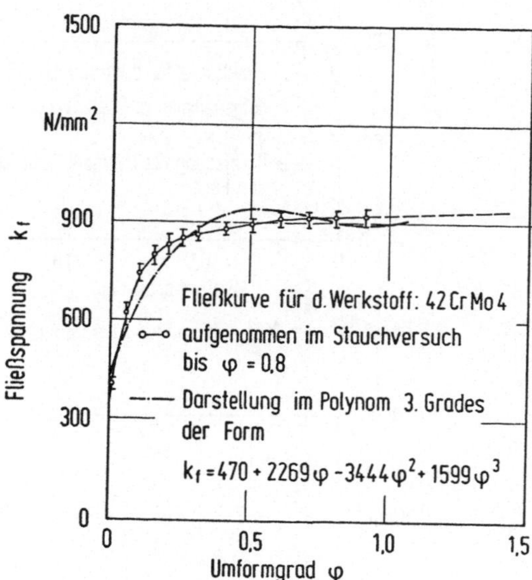

$$k_f = 470 + 2269\,\varphi - 3444\,\varphi^2 + 1599\,\varphi^3$$

Bild 19: Fließkurve für den Werkstoff 42 CrMo 4.

3.6 Rohteilvorbereitung

Die Rohteile wurden aus Stababschnitten gedreht. Der Rohteildurchmesser wurde zwischen 20 mm und 29 mm variiert,so daß Versuchsbedingungen zwischen dem reinen hydrostatischen Pressen und annähernd dem Hydrofilm- bzw. Dick-Film-Fließpressen eingestellt werden konnten, der größte Teil der Versuche wurde mit Rohteilen mit 28 mm bzw. 29 mm Durchmesser durchgeführt.

Für die Versuche mit den Werkstoffen Cf 53, 20 MnCr 5 und 42 CrMo 4 standen lediglich Proben mit d_o = 21 mm und sandgestrahlter Oberfläche zur Verfügung.

Die Probenlänge betrug 70 mm bis 150 mm, wobei die Teile jeweils mit einer Spitze versehen waren, deren Kegelwinkel dem Matrizenwinkel angepaßt war (s. Abschnitt 3.4.2). Gemäß den Ergebnissen der in Abschnitt 3.4.2 beschriebenen Vorversuche betrug die Länge der Spitze 10 mm.

Aufgrund der bereits erwähnten beim Auswerfen der Werkstücke auftretenden Kaltverschweißungen wurden alle Rohteile vor dem Umformen phosphatiert, um auch beim Auswerfen eine ausreichende Schmierstoffhaftung zu gewährleisten. Eine zusätzliche Beseifung wurde jedoch nicht vorgenommen, weil die verwendete Druckflüssigkeit gleichzeitig die Schmierungsfunktion übernehmen soll.

3.7 Versuchsparameter und Meßergebnisse

Die nachfolgende Tabelle 2 gibt einen Überblick über die bei
den Versuchen variierten Parameter.

Tabelle 2: Versuchsparameter

Verfahren	Werkstoff	Umformgrad	Matrizenöffnungs-winkel
hydrosta-tisches Voll-Vorwärts-Fließpressen	Muk 7	$\varphi = 0,7$ $\varphi = 1,9$	$2\,\alpha = 20°$ bis $90°$ $2\,\alpha = 40°$ bis $90°$
	Ck 45	$\varphi = 0,5$ $\varphi = 1,3$	$2\,\alpha = 40°$ bis $90°$
	20 MnCr 5	$\varphi = 0,4$ $\varphi = 1,5$	$2\,\alpha = 40°$
	Cf 53 und 42 CrMo 4	$\varphi = 0,4$ $\varphi = 0,7$	$2\,\alpha = 40°$
Voll-Vorwärts-Fließpressen mit Werkzeug	Muk 7	$\varphi = 0,7$ $\varphi = 1,4$	$2\,\alpha = 40°$ bis $90°$

Durch den begrenzten Auswerferhub war es nicht möglich, die
gepreßten Teile wieder ganz durch den Aufnehmer zurückzufah-
ren. Dies ergab beim konventionellen Fließpressen erhebliche
Schwierigkeiten, da zur endgültigen Entnahme des an der Aufnehmerwand anliegenden Werkstücks das Werkzeug ausgebaut werden mußte. Die vergleichenden Versuche zum konventionellen
und hydrostatischen Fließpressen wurden deshalb auf den Werkstoff Muk 7 beschränkt; der maximale Umformgrad beim konventionellen Pressen betrug $\varphi = 1,4$.

Die Variation der Umformgrade wurde zum einen durch Verwendung
unterschiedlicher Rohteildurchmesser und andererseits durch

unterschiedliche Matrizendurchmesser erreicht. Das l_o/d_o-Verhältnis der Rohteile wurde beim hydrostatischen Fließpressen ebenfalls variiert und zwar in einem Bereich zwischen $l_o/d_o = 2$ und $l_o/d_o = 7$, wobei die maximale Rohteillänge aufgrund der nutzbaren Aufnehmerhöhe 150 mm betrug.

Das Bild 20 zeigt Beispiele von Werkstücken. Alle Teile wurden unter Verwendung des oben beschriebenen Aufnehmers gefertigt. Durch die abstützende Wirkung der Druckflüssigkeit lassen sich auch komplizierte Ausgangsgeometrien, wie die im Bild 20 gezeigten mehrfach abgesetzten Teile, ohne Schwierigkeiten fließpressen.

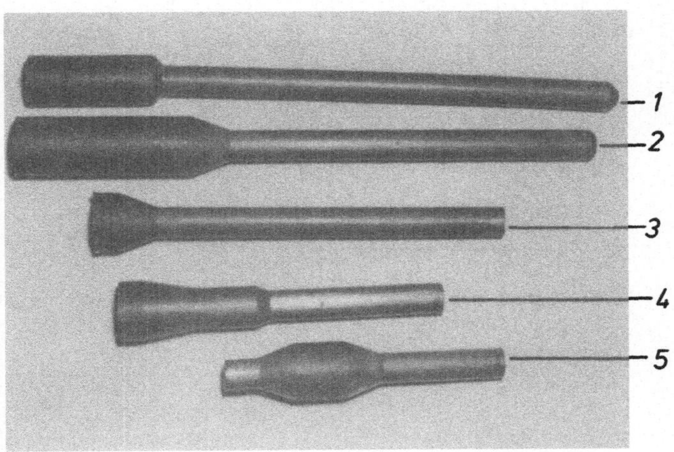

Bild 20: Beispiele von hydrostatisch fließgepreßten Teilen.

So wurde Teil 4 durch Pressen durch zwei unterschiedliche Matrizen und Teil 5 durch hydrostatisches Fließpressen erst an der einen Seite und anschließendes teilweises Pressen des verbliebenen Kopfes hergestellt.

Das Bild 21 zeigt für zwei verschiedene Umformgrade den Unterschied zwischen konventionellem und hydrostatischem Fließpressen. Dieser äußert sich sowohl im unterschiedlichen Druckbedarf - der beim hydrostatischen Fließpressen aufgrund der

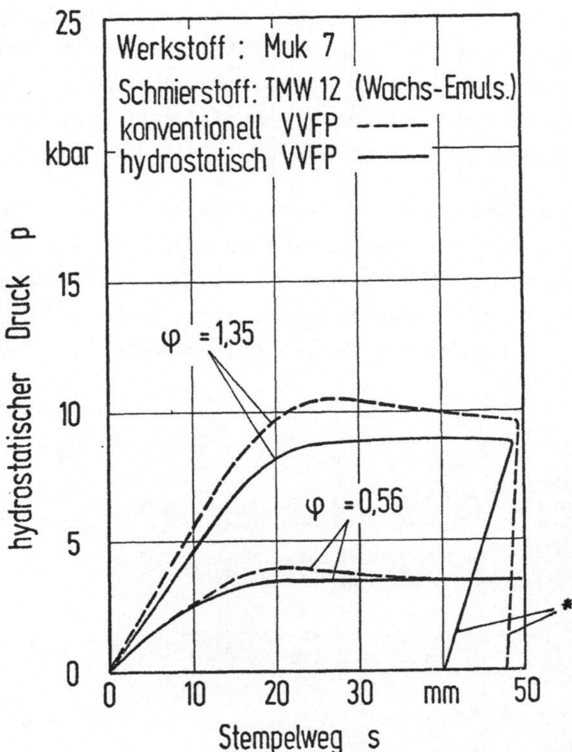

* Aufgrund der Dekompression
der Druckflüssigkeit wird
im Kraft-Weg-Diagramm für
das hydrostatische VVFP eine
stärkere elastische Rückfederung
des Werkzeugs vorgetäuscht.

Bild 21: Druck-Weg-Verläufe für hydrostatisches und
konventionelles Voll-Vorwärts-Fließpressen.

günstigen tribologischen Bedingungen niedriger ist - als auch
in geänderten Druck-Weg-Verläufen. Das konventionelle Fließpressen ist gekennzeichnet durch das Kraftmaximum zu Beginn
des Vorgangs und abnehmenden Kraftbedarf mit dem Stempelweg.

Der hydrostatische Druck in Abhängigkeit vom Umformgrad und
Matrizenwinkel ist in den Bildern 22 und 23 dargestellt -
aus Gründen der Vergleichbarkeit sind auch die beim konventionellen Fließpressen ermittelten Stempelkräfte als auf die
Stempelquerschnittsfläche bezogene Werte bzw. hydrostatischer Druck angegeben. Die im untersuchten Bereich für das
konventionelle Voll-Vorwärts-Fließpressen ermittelten Drücke
liegen je nach Matrizenwinkel und Umformgrad um bis zu 25 %
über den Werten für das hydrostatische Fließpressen.

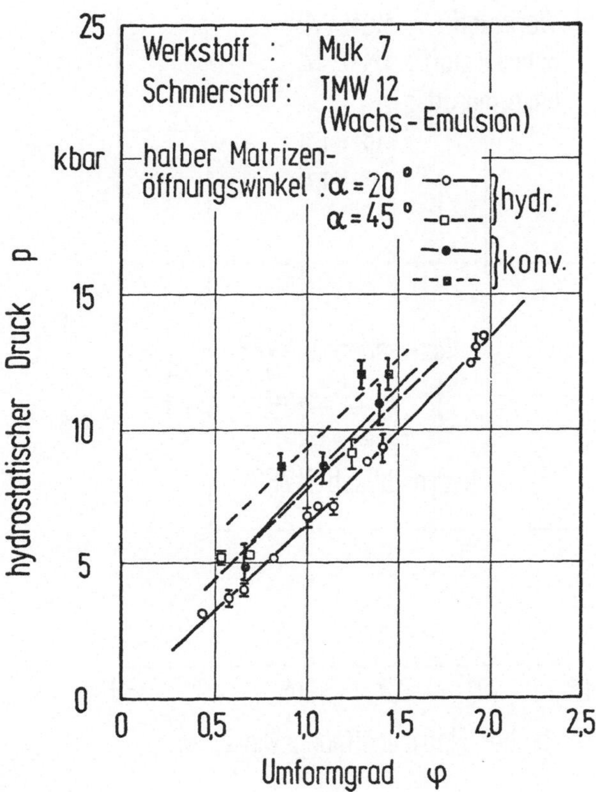

Bild 22: Zum Fließpressen benötigter Druck in Abhängigkeit vom Umformgrad.

Aus den Messungen ergibt sich für das konventionelle Fließ-

pressen ein optimaler Matrizenöffnungswinkel von 2 α = 60 °
(für φ = 1,4). Die für das hydrostatische Verfahren ermittelten optimalen Matrizenwinkel ergeben sich zu 2 α = 40 ° (für
φ = 1,3).

Die Bilder 35 bis 39 (Seiten 73 bis 75) geben weitere
Ergebnisse wieder, wie sie mit den übrigen zur Anwendung ge-
kommenen Werkstoffen gemessen wurden.

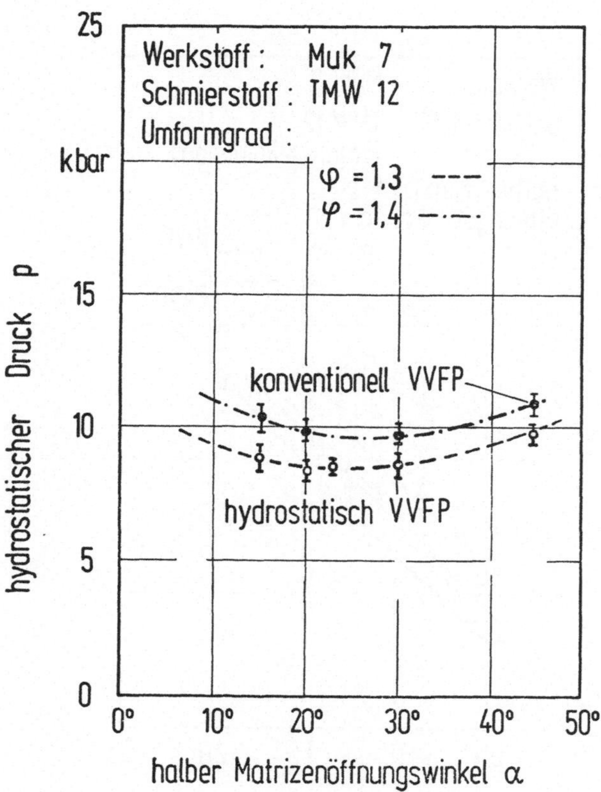

Bild 23: Zum Fließpressen benötigter Druck ih Abhängigkeit vom Matrizenwinkel.

Die oben genannten Unterschiede im hydrostatischen Druck bzw.
der bezogenen Stempelkraft, die sich bei Anwendung des hydrostatischen und konventionellen Fließpressens ergeben, zeigen
bereits deutlich den Vorteil, den das hydrostatische Verfahren
durch niedrigere Werkzeugbelastung bietet.

In [30] werden für das Voll-Vorwärts-Fließpressen Richtwerte
für maximal mögliche Umformgrade gegeben und zwar unter Berücksichtigung einer für industrielle Fertigungsbedingungen
ausreichenden Sicherheit gegen eine mögliche Werkzeugüber-
belastung; unter Versuchsbedingungen sind höhere als die im
folgenden genannten Umformgrade möglich.

Im einzelnen werden die folgenden Grenzumformgrade angegeben :

$$-\text{gut umformbare Stähle} \quad \varphi_{max} = 1,2$$
$$-\text{ schlechter umformbare Stähle} \quad \varphi_{max} = 0,8$$
$$-\text{ schwer umformbare Stähle} \quad \varphi_{max} = 0,7$$

Stellt man diesen Angaben die bei den hier durchgeführten Versuchen er -
mittelten Umformgrade gegenüber ($\varphi_{max} = 1,9$ für Muk 7 , $\varphi_{max} = 1,4$ für
20 MnCr 5 und $\varphi_{max} = 1,3$ für Ck 45), so wird auch unter Einbeziehung der
obigen Einschränkung bezüglich Sicherheit gegen Werkzeugverschleiß und
Überlastung deutlich,daß die niedrigeren Umformkräfte erheblich höhere
Formänderungen zulassen.

Bei entsprechender Auslegung des Aufnehmers und der Dichtung
auf einen hydrostatischen Druck größer als die hier maximal
realisierbaren 13 kbar sind also ohne weiteres noch höhere
Umformgrade zu realisieren.

In der Einleitung wurde unter anderem das hydrostatische Fließpressen auch im Vergleich mit dem Halbwarm-Fließpressen erwähnt. Es soll im folgenden der Versuch unternommen werden, die bei eigenen Versuchen ermittelten Drücke bzw. bezogenen Stempelkräfte mit denen zu vergleichen, die für verschiedene Umformtemperaturen in [2, 45] beim Halbwarm-Fließpressen des Stahles 20 MnCr 5 angegeben werden. Da die in den genannten Arbeiten angeführten Umformgrade nicht direkt mit denen bei den eigenen Versuchen realisierten übereinstimmen, wurden für die Gegenüberstellung der bezogenen Stempelkräfte in der Tabelle 3 die entsprechenden Drücke anhand der Bilder 39 und 40 interpoliert.

Tabelle 3 : Gegenüberstellung von hydrostatischen Drücken bzw. bezogenen Stempelkräften beim hydrostatischen und Halbwarm - VVFP

Werkstoff	interpolierte Werte aus eigenen Versuchen zum hydrostatischen V V F P $2\alpha = 40°$		Ergebnisse aus [45] Halbwarm-V V F P $2\alpha = 90°$	
	φ	Druck [kbar]	φ	bez.Stempelkraft [kbar]
20 MnCr 5	0,92	8,4	0,92	7,9
	1,21	10,6	1,21	9,5
	1,61	13,6	1,61	11,8
			die Umformtemperatur beim Halbwarm - VVFP betrug 770 K	

Die von Diether und Dannenmann genannten bezogenen Stempelkräfte sind je nach Umformgrad um etwa 5 % bis 15 % kleiner als die beim hydrostatischen Fließpressen gemessenen Drücke bzw. bezogenen Stempelkräfte. Die Gegenüberstellung zeigt, daß durch die sehr gute Schmierung zwar nennenswert niedrigere bezogene Stempelkräfte als beim Fließpressen mit Werkzeug für die Umformung benötigt werden, die durch die Erniedrigung der Fließspannung bei höheren Temperaturen bewirkte Verringerung

der bezogenen Stempelkräfte, insbesondere bei größeren Umformgraden, ist aber noch wesentlich größer. Beim Halbwarm-Fließpressen ist dem gegenüber aber auch die höhere thermische Werkzeugbelastung zu beachten. So ist insgesamt das hydrostatische Voll-Vorwärts-Fließpressen noch als mögliche Alternative
zum Halbwarmfließpressen anzusehen, wenn es um die Realisierung
hoher Umformgrade bei insgesamt niedriger Werkzeugbelastung
bzw. Ausnutzung der zulässigen Werkzeugbelastung geht.

4 Druck-(Kraft-)bedarf

4.1 Berechnungsgrundlagen nach dem Schrifttum

Ausgehend von der Überlegung, daß sich abgesehen von den tribologischen Bedingungen das hydrostatische grundsätzlich ähnlich wie das konventionelle Vorwärtsfließpressen behandeln
läßt, wurden zunächst einige für das letztgenannte Verfahren
bekannte Berechnungsgleichungen so abgeändert, daß der Kraftbedarf für das hydrostatische Fließpressen ermittelt werden
kann.

Die von Siebel [30] angestellten Überlegungen basieren auf der
elementaren Theorie (Scheibenmodell). Er teilt die notwendige
Umformarbeit in verschiedene Anteile für ideelle Umformung
(W_{id}), Schiebung (W_{Sch}) und Reibung (W_R) auf. Für das hydrostatische Fließpressen ergibt sich danach der notwendige Druck
zu

$$ p = \varphi \; k_{fm} + \frac{2}{3} \, \hat{\alpha} \, k_{fm} + \frac{2 \, \varphi \; \mu \, k_{fm}}{\sin 2\alpha} \; . \tag{1} $$

Die mittlere Fließspannung k_{fm} des sich während der Umformung
verfestigenden Werkstoffs ergibt sich aus

$$ k_{fm} = \frac{1}{\varphi} \int_{\varphi_0}^{\varphi_1} k_f \, (\varphi) \, d\varphi \; . \tag{2} $$

Bei den vorliegenden Berechnungen wurde die Fließkurve $k_f \, (\varphi)$
sowohl als Polynom dritten Grades als auch nach dem Ludwikansatz dargestellt.
Von Sieber wird zur einfacheren Ermittlung des Umformdruckes
die Beziehung

$$ p = k_{fm} \, (\varphi + \frac{2}{3} \, \hat{\alpha}) \, (1 + \frac{\mu}{\alpha}) \; . \tag{3} $$

vorgeschlagen. Wie leicht festzustellen ist, sind im wesentlichen die gleichen Arbeitsanteile wie in der von Siebel auf-
gestellten Gleichung enthalten. Hauptsächlich bei der Berück-

sichtigung der Reibungsverluste wird von anderen Annahmen ausgegangen, die vor allem den vom Werkstück auf die Preßbüchse
ausgeübten Druck besser wiedergeben sollen. Für das konventionelle Fließpressen wird die Reibzahl μ mit max. 0,05 (gegenüber 0,04 bis 0,08 bei Siebel) angenommen.

Eine andere Beziehung, die in ihrem Aufbau ebenfalls stark den
Gleichungen (1) und (3) ähnelt, wird von Billigmann und Feldmann [33] vorgeschlagen:

$$p = k_{fm} \left(\varphi + \frac{4}{\sqrt[3]{3}} \cdot \widehat{\alpha} \right) \left(1 + \frac{\mu}{\sin\alpha \, \cos\alpha} \right) . \qquad (4)$$

Weiterhin wird zur einfachen Berechnung die Faustformel

$$p = \frac{k_{fm} \cdot \varphi}{\eta_F} \qquad (5)$$

genannt.

In einem von Geleji [32] vorgeschlagenen Ansatz werden die
ideelle Umformkraft und die Reibkraft über einen mittleren
Umformwiderstand k_{Wm} bestimmt. Der Betrachtung liegt die Mo-
dellvorstellung zugrunde, daß auf ein Volumenelement in der Umformzone die mittlere Spannung $\sigma_{2m} = F/2A_0$ in Achsrichtung
und in radialer Richtung $\sigma_K = k_{Wm}$ wirke. Unter Annahme des
Trescaschen Fließkriteriums berechnet Geleji den Umformwiderstand zu

$$k_{Wm} = \frac{k_{fm}\left[1 + 0,385 \cdot (1 - |\varepsilon_A|)\widehat{\alpha}\right]}{\left(1 - \frac{1}{2} \cdot |\varepsilon_A|\right) \cdot \left(1 + \frac{\mu}{\alpha}\right)} \qquad (6\ a)$$

der notwendige hydrostatische Druck ergibt sich dann nach fol-
gender Gleichung:

$$p = k_{Wm} \cdot |\varepsilon_A| + k_{fm} \cdot 0,77 \cdot \frac{A_1}{A_0} \cdot \widehat{\alpha} . \qquad (6)$$

Für die Berechnung werden vom Verfasser Reibzahlen zwischen
$\mu = 0,06$ und 0,08 angenommen.

Pugh [34] gibt die nachstehende Formel zur Bestimmung des
Druckes an:

$$p = \int\limits_{0}^{\varphi_3} k_f \cdot d\varphi + \frac{\mu \, R \, \rho}{\sin\alpha \, (R-1)} \int\limits_{\varphi_1}^{\varphi_2} k_f \, d\varphi \ . \tag{7}$$

Diese Beziehung wurde über einen Leistungsansatz, basierend auf einem angenommenen, die Kontinuitätsgleichung erfüllenden Geschwindigkeitsfeld hergeleitet. Zur Matrizenwand senkrecht stehende Kugelflächen begrenzen die Umformzone am Düsenein- und -austritt. Die örtlichen Geschwindigkeiten sind auf den gemeinsamen Mittelpunkt der Kugelflächen gerichtet.

Pugh legt seiner weiteren Berechnung das Trescasche Fließkriterium zugrunde und ermittelt den Schiebungsanteil an den kugeligen Grenzflächen der Umformzone jeweils zu

$$p_{Sch} = \frac{k_f}{2} \ [\frac{\widehat{\alpha}}{\sin^2\alpha} - \cot\alpha]$$

Die zugehörige Umformung beträgt

$$\varphi_{Sch} = 0,5 \ [\frac{\alpha}{\sin^2\alpha} - \cot\alpha].$$

Zur Verbesserung der oberen Schrankenlösung vergleicht Pugh berechnete und gemessene Ergebnisse, und kommt zu dem Schluß, daß für

$$2\alpha = 45° \quad \varphi_{Sch} = 0,267 \ [\frac{\widehat{\alpha}}{\sin^2\alpha} - \cot\alpha] \ \text{und für}$$

$$2\alpha = 90° \quad \varphi_{Sch} = 0,557 \ [\frac{\widehat{\alpha}}{\sin^2\alpha} - \cot\alpha] \ \text{betragen muß.}$$

Damit ergeben sich bei der Verwendung eines verfestigenden Werkstoffs noch folgende Ergänzungen zur oberen Beziehung (7)

$$\varphi_1 = 0,26 \cdot [\frac{\widehat{\alpha}}{\sin^2\alpha} - \cot\alpha] \quad (\text{bzw.} \ \varphi_1 = 0,462 \cdot [\ldots] \text{für } 2\alpha = 90°)$$
$$\varphi_2 = \varphi_1 + \varphi$$
$$\varphi_3 = 2 \cdot \varphi_1 + \varphi$$

Bei Annahme ebener Begrenzungsflächen der Umformzone ändern sich die Schiebungsanteile, dies führt zu den folgenden Bestimmungsgleichungen

$$\varphi_{Sch} = k \cdot \tan \frac{\alpha}{3} \quad (\text{für } 2\alpha = 45°). \tag{7 b 1}$$

Dementsprechend ergibt sich bei Annahme einer kegelförmigen
Begrenzung der Umformzone

$$\varphi_{Sch} = k \, \frac{2}{3} \, \tan\alpha \quad (\text{für } 2\alpha = 45\,°). \tag{7 b 2}$$

In beiden Fällen sind unter Verwendung des Trescaschen Fließkriteriums k = 0,5 anzusetzen bzw. die von Pugh nach Versuchsergebnissen korrigierten obengenannten Werte.
Die Grenzen für die Reibzahl μ werden mit 0,007 und 0,0015
angegeben.
Einen Leistungsansatz,basierend auf einem angenommenen Geschwindigkeitsfeld mit ähnlichen Bedingungen wie oben, stellt
Avitzur [35] vor. Ausgehend vom Fließkriterium nach v. Mises
berechnet er den Schiebungsanteil nach

$$p_{Sch} = \frac{2}{\sqrt{3}} \, k_{fm} \, [\frac{\overline{\alpha}}{\sin^2\alpha} - \cot\alpha] \, . \tag{8 a}$$

Der Anteil für die ideelle Umformung innerhalb der kugeligen
Grenzflächen der Umformzone beträgt:

$$p_{id} = k_{fm} \, \varphi \, f \, (\alpha), \tag{8 b}$$

wobei für f (α) die folgende Bestimmungsgleichung gilt :

$$f(\alpha) = \frac{1}{\sin^2\alpha} \left[1-\cos\alpha \sqrt{1-\frac{11}{12}\sin^2\alpha} + \frac{1}{\sqrt{11\cdot 12}} \cdot \right.$$

$$\left. \ln \frac{1 + \sqrt{\frac{11}{12}}}{\sqrt{\frac{11}{12}}\cos\alpha + \sqrt{1-\frac{11}{12}\sin^2\alpha}} \right] . \tag{8 c}$$

Für die Bestimmung des Reibungsanteils wird die Beziehung
(8 d) angegeben:

$$p_R = [\mu\cot\alpha \, \varphi \, (1 + \frac{1}{2} \, \varphi) + \frac{2\mu}{r_1} \, l] \, k_{fm} \, . \tag{8 d}$$

In dieser Gleichung ist als zusätzlicher Term der Reibungsverlust in der Kalibrierzone erfaßt. Damit ergibt sich für den
Druck die folgende Berechnungsgleichung:

$$p = k_{fm}\left[\varphi \; f(\alpha) + \frac{2}{\sqrt{3}}\left(\frac{\widehat{\alpha}}{\sin^2\alpha} - \cot\alpha\right) + (\mu\cot\alpha\cdot\varphi \; \left(1 + \frac{\varphi_A}{2}\right) + \frac{2\mu l}{r_1}\right] \; . \tag{8}$$

Nachfolgend sollen noch kurz drei empirisch aufgestellte Formeln zur einfachen Berechnung des Preßdruckes aufgeführt werden. Von Pugh wird in [37] die Beziehung

$$p = \varphi \; (57,9 \; HV + 617) \tag{9}$$

angegeben.

Nishihara [36] ändert aufgrund eigener Ergebnisse die Konstanten in Gleichung (9)

$$p = \varphi \; (56,5 \; HV + 210) \; . \tag{10}$$

In [38] wird von Johnson eine Berechnungsgleichung aufgestellt, die statt der Werkstoffhärte die mittlere Fließspannung einsetzt.

$$p = (A + B \cdot \varphi) \; k_{fm} \; . \tag{11}$$

Die Größe der Faktoren A und B hängt stark von den Reibungsbedingungen ab. Von Lambert und Kobayashi wurden hierzu die folgenden Werte angegeben:

	$\mu = 0$	Haftreibung
A	0,45	0,6
B	0,9	1,38

Für das hydrostatische VVFP müssen die dem Grenzfall $\mu = 0$ entsprechenden Faktoren eingesetzt werden.

4.2 Vergleich der unterschiedlichen Berechnungsgleichungen

Im folgenden wurden mit den oben aufgeführten Gleichungen (1) bis (11) die Preßdrücke für verschiedene Umformgrade und Matrizenwinkel berechnet und zwar unter Verwendung der im Stauchversuch für den Werkstoff Muk 7 (1.0204) ermittelten Fließkurve. Die Fließkurve dieses Stahls läßt sich als Polynom 3. Grades in der Form

$$k_f(\varphi) = 352 + 1031\varphi - 1350\varphi^2 + 617\varphi^3 \quad \text{(Form a)}$$

bzw. $k_f(\varphi) = 372 + 555\varphi - 279\varphi^2 + 61\varphi^3 \quad \text{(Form b)}$

darstellen (Bild 15 in Abschnitt 3.5).

Bei der Beschreibung der in Abschnitt 4.1 genannten Berechnungsgleichungen wurden teilweise die von den Autoren genannten bzw.
vorgeschlagenen Reibzahlen μ mit aufgeführt. Ein Vergleich der
angegebenen Werte zeigt, daß aufgrund der großen Differenzen
die Reibzahl für einige Berechnungsverfahren ein notwendiges
Korrektiv darstellt. Eine Verwendung der von den Autoren jeweils angegebenen Zahlen ist zumindest für den Fall des hydrostatischen Fließpressens dann fragwürdig, wenn die Gleichungen
und Reibzahlen ursprünglich für das konventionelle Voll-Vorwärts-Fließpressen aufgestellt wurden. Bei dem Vergleich der
berechneten hydrostatischen Drücke wurde deshalb allgemein
für alle Berechnungsmethoden eine einheitliche Reibzahl μ zwischen 0,005 und 0,05 eingesetzt, wobei das Schwergewicht bei
μ = 0,01 lag. Dies sind auch etwa die Grenzen, die von Pugh
angegeben werden.

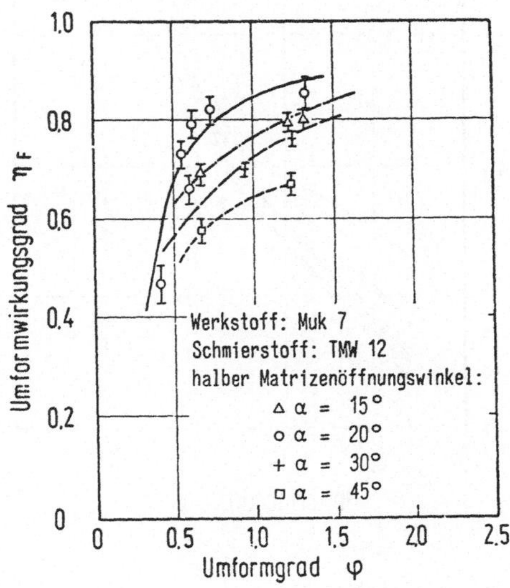

Bild 24 : Umformwirkungsgrade in Abhängigkeit vom Umformgrad,er-
         mittelt beim hydrostatischen VVFP des Werkstoffs Muk 7.

Weitere Schwierigkeiten haben sich bei der Verwendung der empirisch ermittelten Formeln ergeben, weil die hierin enthaltenen Faktoren (η_F, A, B usw.) meist auf sehr spezielle Versuchsbedingungen abgestimmt sind und die richtige Abschätzung ohne vorherige Versuche schwierig erscheint und zwangsläufig mit Fehlern behaftet sein muß. Die aus Versuchsergebnissen berechneten Umformwirkungsgrade η_F zeigen beispielsweise die bekannte im Bild 24 gezeigte Abhängigkeit vom Umformgrad.

Der im folgenden durchgeführte Vergleich und die Auswertung der gewonnenen Ergegnisse erstreckt sich daher im wesentlichen auf die mehr analytischen Berechnungsverfahren.

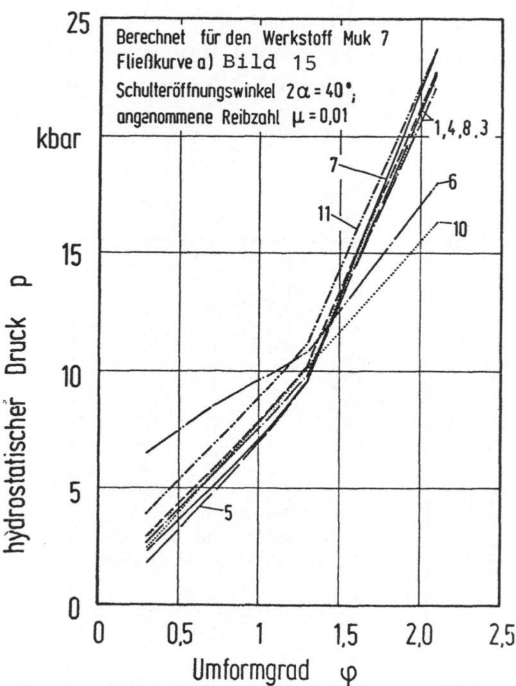

Bild 25: Mit unterschiedlichen Formeln berechnete hydrostatische Drücke als Funktion des Umformgrades

Im Bild 25 wurde der berechnete hydrostatische Druck p in Abhängigkeit vom Umformgrad aufgetragen und zwar für eine ange-

nommene Reibzahl μ = 0,01 und einen Schulterwinkel 2α = 40 °.
Die Numerierung der einzelnen Kurven entspricht - wie auch bei
den folgenden Darstellungen der Kennzeichnung der oben (Abschnitt 4.1) aufgeführten Berechnungsgleichungen. Die Berechnung nach Siebel und Feldmann (1) und (4) liefern über dem gesamten Bereich von φ = 0,7 bis φ = 2,1 die gleichen Ergebnisse. Die Gleichung nach Sieber (3) führt zu geringfügig höheren
Drücken (durchschnittlich 4 % Abweichung). Werden die gleichen
Größen nach Avitzur (8) bestimmt, so ergibt dies geringfügig
größere Abweichungen (5 %) zu höheren Werten gegenüber (1),
während die Gleichung (7) nach Pugh bis φ = 1,7 um durchschnittlich 7 % kleinere Drücke als (1) liefert und bei höheren Umformgraden dann um 5 % größere Drücke als Siebel berechnet.
Dies mag darin begründet sein, daß das Verfestigungsverhalten
des Werkstoffs bei Pugh genauer erfaßt wird, weil hier nicht
wie bei Siebel mit einer mittleren Fließspannung k_{fm} gerechnet
wird.

Zu erheblich größeren Drücken (16 %) als nach (1) führt die
Gleichung (11), was vermutlich stark durch eine falsche Wahl
der Faktoren A und B beeinflußt wurde. Die Faustformel nach
Pugh (9) liefert bis φ = 1,3 nahezu identische Werte. Darüber
läuft entsprechend dem Aufbau der Berechnungsgleichung die Kurve als Gerade weiter und erfaßt nicht den durch den Fließkur-
venverlauf des Werkstoffs bedingten Aufwärtsknick der übrigen
Kurven. Dieser Knick ist z. T. aber auch durch die bei großen
Umformgraden unbefriedigende Wiedergabe der Fließkurve durch
das gewählte Polynom bedingt (siehe auch Bild 15).

Durch die Berücksichtigung zusätzlicher Stützwerte bei der Bestimmung der Faktoren des Polynoms, läßt sich die gemessene
Fließkurve durch ein anderes Polynom 3. Grades annähern. Im
folgenden wird diese durch einen flacheren Verlauf gekennzeichnete Kurve als b bezeichnet. Im Bild 26 sind zum Vergleich die
unter Anwendung dieses Polynoms berechneten Werte wiedergegeben. Der flachere Verlauf der Kurve bei höheren Umformgraden
schlägt sich zwangsläufig auch in niedrigeren berechneten
Drücken nieder. Hier zeigt sich aber auch deutlich, in welchem
Maß die einzelnen Formeln die Form der Fließkurve und damit

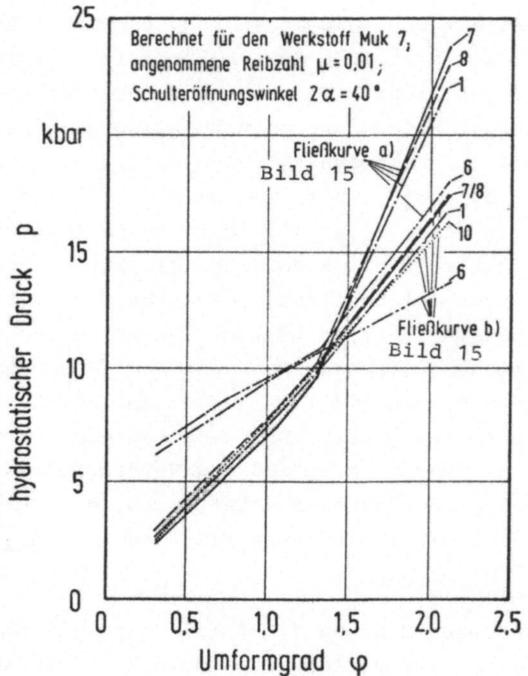

Bild 26   Vergleich der mit unterschiedlichen Fließkurven-
formen berechneten hydrostatischen Drücke.

das Verfestigungsverhalten der Werkstoffe erfassen. Diese Möglichkeit ist bei der angegebenen Formel (10) grundsätzlich
nicht gegeben. Es zeigt sich jedoch, daß mit dieser einfachen,
empirischen Formel eine ausreichend genaue Bestimmung des
hydrostatischen Druckes möglich ist.

Gänzlich aus dem Rahmen fallen die nach der Formel von Geleji
(6) ermittelten Werte (Abweichungen gegenüber Siebel: 20 % bis
30 %). Dies ist z. T. im Aufbau bzw. in der Herleitung der
Gleichung begründet. Geleji berechnet zunächst einen mittleren
Umformwiderstand. Dieser ist jedoch allgemein sehr stark vom
gewählten Umformverfahren und den Durchführungsbedingungen abhängig, so daß es zweifelhaft erscheint, ob diese Gleichung
ohne weitergehende Änderungen auf das hydrostatische Fließpressen übertragen werden kann, was noch bestätigt wird, wenn
der hydrostatische Druck in Abhängigkeit vom Schulterwinkel α

und für verschiedene Reibzahlen µ berechnet wird (Bilder 27 und 28). Während bei der Berechnung nach Siebel (Feldmann, Sieber) (1), (3), (4), Pugh (7) und Avitzur (8) zwischen α = 10 ° und α = 20 ° das bekannte Druckminimum auftritt, erhält man bei einer Berechnung nach (6) stetig zunehmenden Druck für größere Schulterwinkel.

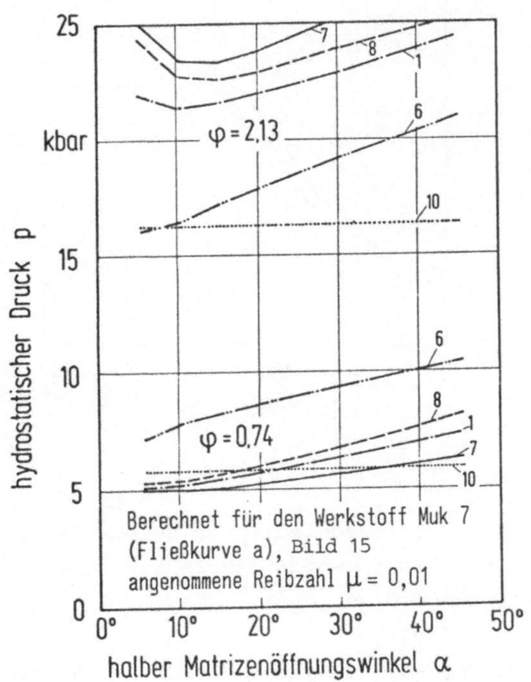

Bild 27: Berechnete hydrostatische Drücke in Abhängigkeit vom halben Matrizenöffnungswinkel.

Eine Verringerung der Reibzahl, Bild 28, führt bei den Rechenergebnissen nach Geleji (6) zu einer Zunahme des Druckes, was ebenfalls im Widerspruch zu den mit anderen Verfahren berechneten Ergebnissen und Werten   aus praktischen Versuchen

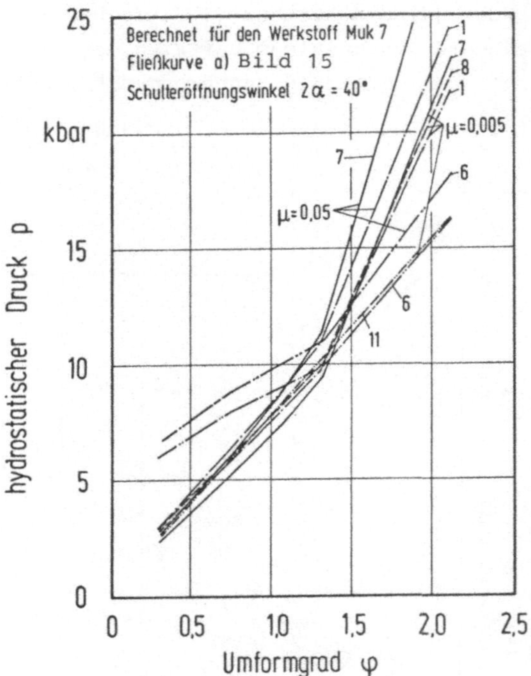

Bild 28: Einfluß unterschiedlicher Reibzahlen μ auf die
nach verschiedenen Formeln berechneten hydrostatischen Drücke.

steht. Eine weitere Anwendung der Gleichung (6) für das hydrostatische Strang- bzw. Fließpressen erscheint demnach nicht
sinnvoll.

Zur Wiedergabe der Verhältnisse bei geänderter Werkzeuggeo-
metrie und einer Variation der tribologischen Bedingungen sind
die betrachteten Gleichungen zur überschlägigen Berechnung des
Druckes, nämlich (9) und (10), ebenfalls ungeeignet, weil diese Größen keine Berücksichtigung finden. Die Gleichung (5)
bietet durch die Abhängigkeit des Umformwirkungsgrades von μ

und α gewisse Eingriffsmöglichkeiten, der Weg erscheint jedoch im vorliegenden Fall recht umständlich, da zunächst die Zusammenhänge für das hydrostatische Fließpressen bestimmt werden müßten (etwa nach Bild 24).

In den folgenden Darstellungen 29 und 30 ist anhand der Bestimmungsgleichungen (7) bis (7 b 2) nach Pugh aufgezeigt, welchen Einfluß das angenommene Geschwindigkeitsfeld bzw. die Begrenzungsflächen der Umformzone auf die Rechenergebnisse haben. Für kleine Matrizenwinkel ergeben sich nur geringfügige Unterschiede zwischen der Begrenzung durch Kegel- oder Kugelfläche (Bild 29). Die berechneten Drücke liegen über denen, die bei Annahme einer ebenen (Gerade) Begrenzungsfläche ermittelt werden. Noch größere Werte ergeben sich, wenn statt des von

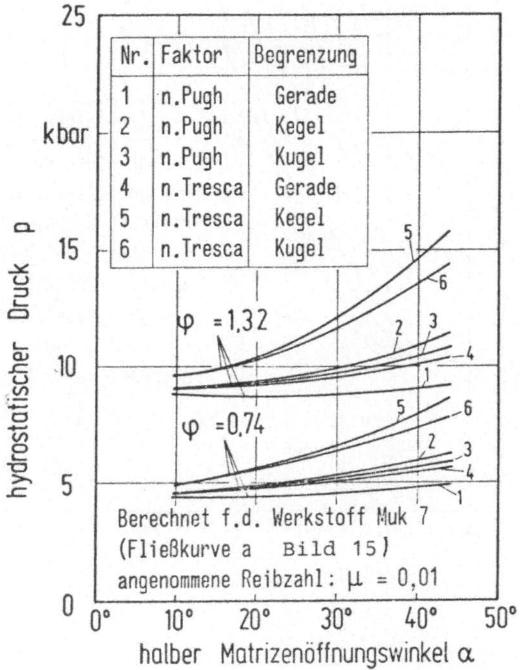

Bild 29: Nach Pugh (7) berechnete hydrostatische Drücke in Abhängigkeit vom Matrizenwinkel unter Zugrundelegung verschiedener Begrenzungen der Umformzone.

Pugh angegebenen, empirisch ermittelten Faktors k = 0,267 entsprechend dem Trescaschen Fließkriterium k = 0,5 eingesetzt wird.

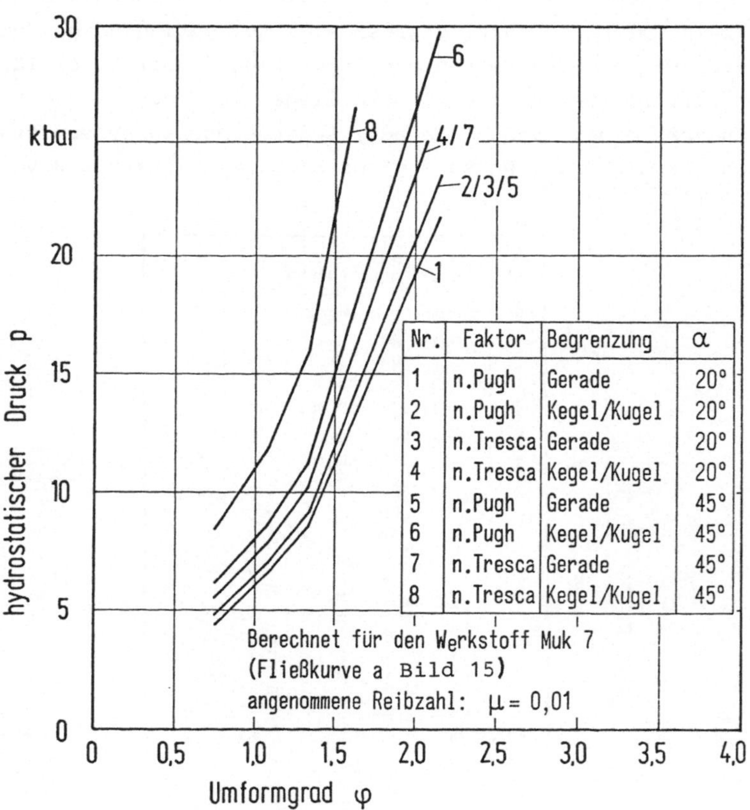

Bild 30: Nach Pugh (7) berechnete hydrostatische Drücke in Abhängigkeit vom Umformgrad unter Zugrundelegung verschiedener Begrenzungen der Umformzone

Die bisherigen Ausführungen haben gezeigt, daß die aufgeführten Bestimmungsgleichungen für den hydrostatischen Druck überwiegend zu sehr ähnlichen Ergebnissen führen. Zu dem nun notwendigen Vergleich mit experimentell ermittelten Werten sollen deshalb lediglich die Gleichungen (1) nach Siebel, (7) nach Pugh und (8) nach Avitzur herangezogen werden.

4.3 Vergleich rechnerisch und experimentell ermittelter hydrostatischer Drücke

Bei einem Vergleich der Versuchsergebnisse mit rechnerisch ermittelten Drücken (Bilder 31 und 32) fällt auf, daß mit zunehmendem Umformgrad wesentlich zu große Drücke berechnet wurden und zwar bei allen untersuchten Werkstoffen. Im Fall des Werkstoffs Muk 7 stimmen die experimentell ermittelten Drücke noch am ehesten mit den nach Pugh (7) unter Annahme einer ebenen Begrenzung der Umformzone berechneten Werten überein (vgl. Bild 30).

Bei dem im Bild 32 für den Werkstoff Ck 45 dargestellten Vergleich zwischen rechnerischem und tatsächlichem Druck läßt sich näherungsweise Übereinstimmung für eine angenommene Reibzahl $\mu = 0,005$ feststellen. Die maximalen Abweichungen betragen im günstigsten Fall 10 %. Allerdings erscheint die angenommene Reibzahl $\mu = 0,005$ auch unter Berücksichtigung der von Pugh für das hydrostatische Fließpressen angegebenen Grenzen zu niedrig. Als wesentlichste Fehlerquelle bei der Berechnung der Drücke ist eine fehlerhaft ermittelte Fließkurve anzusehen. Nach [39] sind bei der Aufnahme von Fließkurven mehrere Fehlerquellen zu nennen, von denen beim Zylinderstauchversuch als wesentlichste der Reibungseinfluß zu nennen ist. Aufgrund von Reibungseinflüssen und der Ausbauchung der Proben ist der einstufige Zylinderstauchversuch nur bis zu einem $\varphi = 0,7$ anwendbar. Die Versuche zum hydrostatischen Fließpressen wurden jedoch erst bei höheren Umformgraden durchgeführt, so daß die berechneten Werte zwangsläufig fehlerbehaftet sind.

Im folgenden wurden neue Fließkurven unter Verwendung von

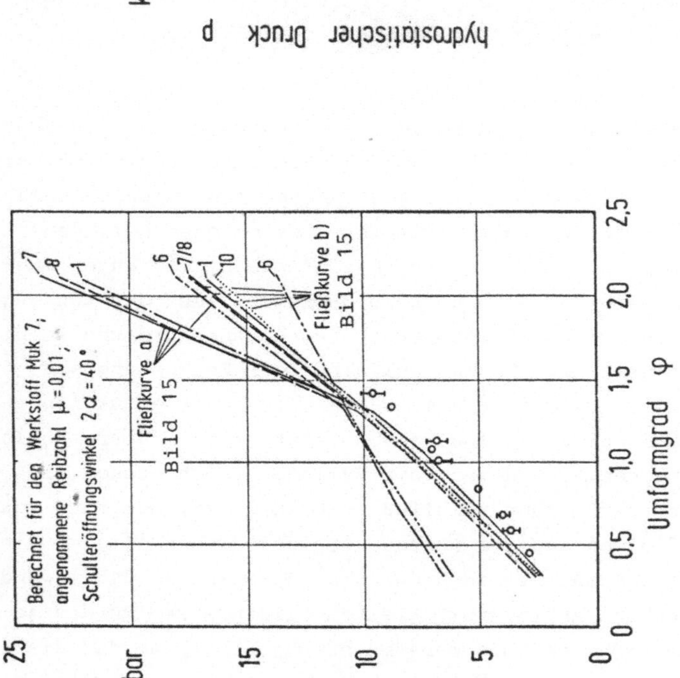

Bild 32: Vergleich rechnerisch und experimentell ermittelter Drücke für den
Werkstoff Ck 45.

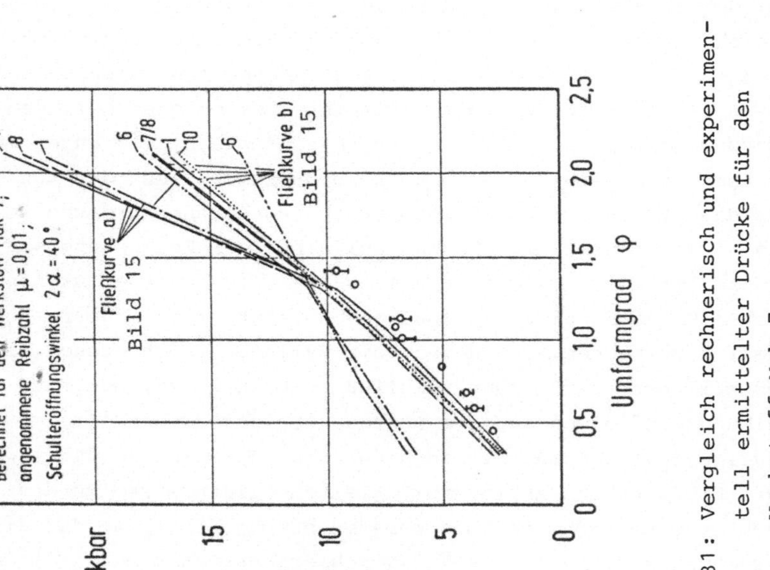

Bild 31: Vergleich rechnerisch und experimentell ermittelter Drücke für den
Werkstoff Muk 7.

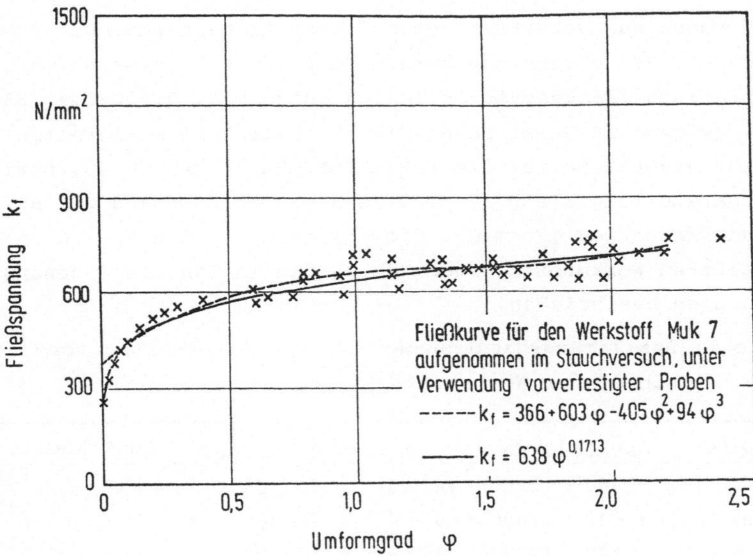

$$k_f = 366 + 603\,\varphi - 405\,\varphi^2 + 94\,\varphi^3$$

$$k_f = 638\,\varphi^{0,1713}$$

Bild 33 : Fließkurve für den Werkstoff Muk 7, ermittelt im Stauchversuch mit Proben aus vorverfestigtem Werkstoff.

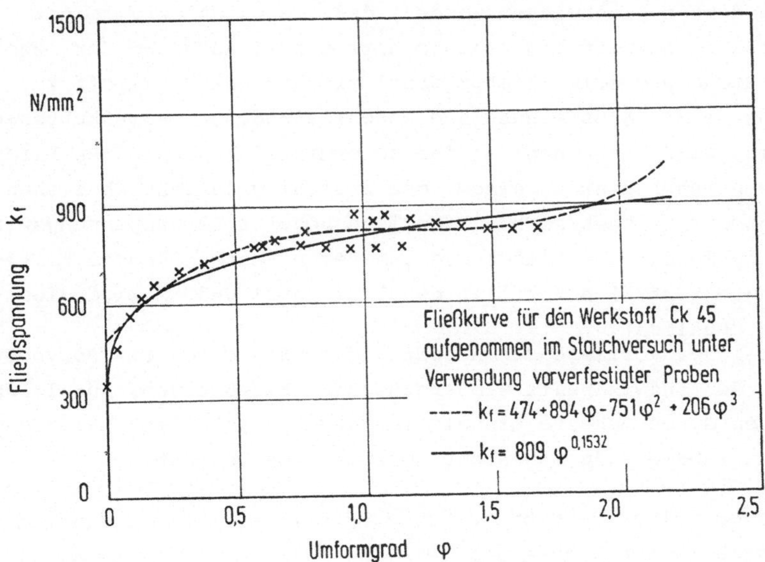

$$k_f = 474 + 894\,\varphi - 751\,\varphi^2 + 206\,\varphi^3$$

$$k_f = 809\,\varphi^{0,1532}$$

Bild 34 : Fließkurve für den Werkstoff Ck 45, ermittelt im Stauchversuch mit Proben aus vorverfestigtem Werkstoff.

Stauchproben aus vorverfestigtem Werkstoff bestimmt. Die Proben für die Stauchversuche wurden Schäften von unterschiedlich, hydrostatisch fließgepreßten Teilen entnommen. Die Bilder 33 und 34 zeigen als Punkteschar die experimentell ermittelten Fließkurvenverläufe für die Werkstoffe Muk 7 und Ck 45, sowie deren Darstellung als Polynom 3. Grades (Form B) und mit Hilfe des Ludwikansatzes (Form C). Die weiteren bei den Versuchen eingesetzten Werkstoffe werden durch die in Tabelle 4 genannten Gleichungen beschrieben.

Tabelle 4: Bestimmungsgleichungen für die Fließkurven verschiedener Werkstoffe.

Werkstoff	Darstellung als Polynom 3. Grades	Ludwikansatz
Cf 53	$k_f = 607 + 1256\varphi - 1422\,\varphi^2 + 507\,\varphi^3$	$k_f = 988 \cdot \varphi^{0,132}$
42 CrMo 4	$k_f = 610 + 1285\varphi - 1695\,\varphi^2 + 705\,\varphi^3$	$k_f = 941 \cdot \varphi^{0,107}$
20 MnCr 5	$k_f = 440 + 1237\varphi - 1192\,\varphi^2 + 588\,\varphi^3$	$k_f = 804 \cdot \varphi^{0,158}$

Obgleich diese Vorgehensweise, wie im weiteren Verlauf noch gezeigt wird, zu befriedigenden Ergebnissen führt, soll hier doch darauf hingewiesen werden, daß die gewählte Form der Fließkurvenermittlung fehlerbehaftet ist. Aufgrund der Lage der Stauchprobe im Fließpreßteil erfährt der Werkstoff zunächst eine Längsdehnung und anschließend, zur Fließkurvenaufnahme, eine Stauchung. In den so ermittelten einzelnen Fließkurven führt dies zu einem, dem Bauschingereffekt ähnlichen, Phänomen, welches sich in deutlich höheren Fließspannungswerten zu Beginn der Fließkurve und deren anschließendem Fließspannungsabfall äußert (in den Bildern 51 und 52 wird dies auch deutlich).
Da bei der vorliegenden Arbeit jedoch die durch ein Polynom, bzw. den Ludwikansatz wiedergegebenen Fließkurven, Ausgleichskurven durch mehrere Einzelfließkurven darstellen, fällt das beschriebene Phänomen nicht so stark ins Gewicht.

Eine nochmalige Berechnung der zur Umformung erforderlichen hydrostatischen Drücke und zwar mit Hilfe der Gleichung (7) nach Pugh und unter Verwendung der neuen Fließkurven hat für alle Werkstoffe im untersuchten Bereich unterschiedlicher Um-

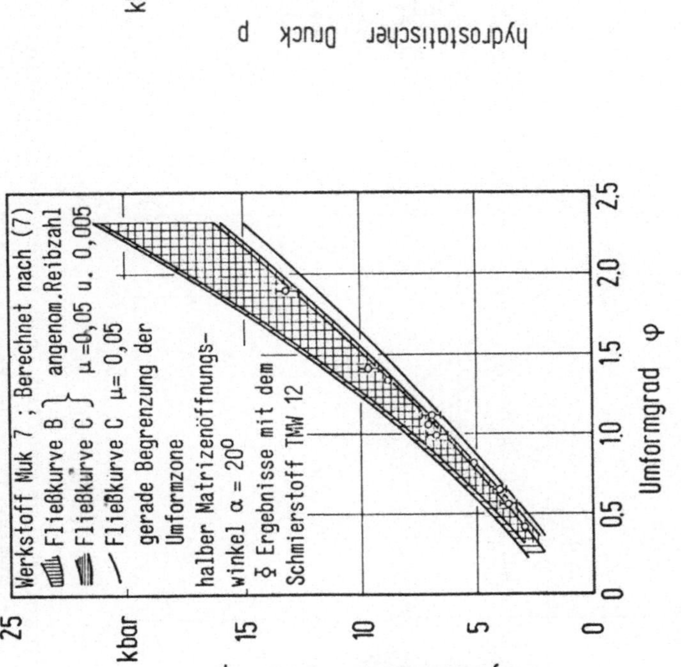

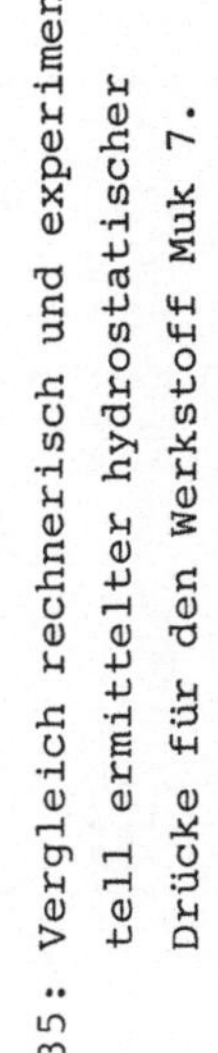

Bild 35: Vergleich rechnerisch und experimentell ermittelter hydrostatischer
Drücke für den Werkstoff Muk 7.

Bild 36: Experimentelle und rechnerische Ermittlung der optimalen Schulteröffnungswinkel für das hydrostatische Fließpressen
des Werkstoffs Muk 7.

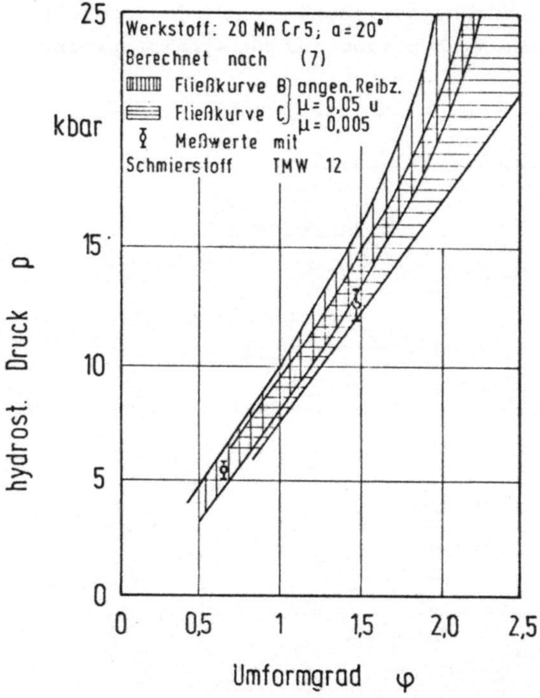

Bild 38: Vergleich rechnerisch und experimentell ermittelter hydrostatischer
Drücke für den Werkstoff 20 MnCr 5.

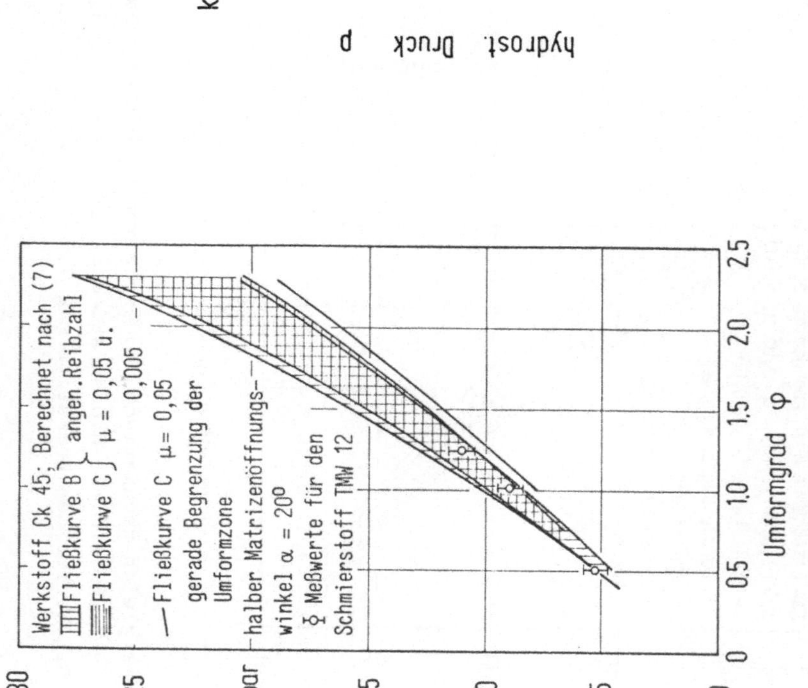

Bild 37: Vergleich rechnerisch und experimentell ermittelter hydrostatischer
Drücke für den Werkstoff Ck 45.

formgrade befriedigende Übereinstimmung der experimentellen
mit den rechnerisch ermittelten Werten ergeben (Bilder 35 bis
38). Die Form der Darstellung der Fließkurven (Polynom 3. Grades, Ludwikansatz) hat nur wenig Einfluß auf die Rechenergebnisse. Wird eine kugelförmige Begrenzung der Umformzone und
eine Reibzahl μ = 0,005 angenommen, so sind die berechneten
hydrostat. Drücke im Durchschnitt etwa 5 % kleiner als die
experimentell ermittelten Werte. Die Annahme einer ebenen Begrenzung der Umformzone und eine Reibzahl von μ = 0,05 führt
zu Drücken, die um ca. 10 % zu klein sind. Ausreichende Genauigkeit bei der Berechnung des Druckbedarfs läßt sich demnach in
jedem Fall mit Hilfe des Ansatzes (7) unter Annahme kugelför-
miger Begrenzungsflächen und einer Variation der Reibzahl
im Bereich 0,005 < μ < 0,01 erzielen; auch der bezüglich des
erforderlichen Druckes optimale Matrizenöffnungswinkel läßt
sich hierdurch bestimmen (Bild 36).

Abschließend soll noch anhand des Bildes 39 ein Vergleich der
mit den Faustformeln 9 und 10 ermittelten hydrostatische Drücke
mit Versuchsergebnissen durchgeführt werden. Die Werkstoffeigen-
schaften werden bei diesen Formeln über die Rohteilhärte erfaßt.
Wie im Abschnitt 6.2.2 noch zu zeigen sein wird, weisen die
beiden Versuchswerkstoffe Muk 7 und Ck 45 eine über dem Probenquerschnitt ungleichmäßige Härteverteilung auf. Bei Annahme
eines mittleren Härtewertes, wie er in Tabelle 1 (s. Abschnitt
3.5) für die Werkstoffe aufgeführt ist, ergeben sich die in
Bild 39 gezeigten hydrostatischen Drücke in Abhängigkeit vom
Umformgrad.

Bei den Werkstoffen Muk 7 und Ck 45 ergeben die Rechnungen
um 5 % bis 10 % größere Werte als die Messungen, wohingegen
bei den übrigen Werkstoffen die Meßergebnisse etwa im Bereich
zwischen den Rechenergebnissen nach (9) und (10) liegen. Dies
ist vermutlich auf die bei den geglühten Werkstoffen gleichmäßigere und damit sicherer zu bestimmende Rohteilhärte zurückzuführen.

Bei Kenntnis der genauen Werkstoffhärte lassen diese einfachen
Gleichungen also auch eine genügend genaue Vorausberechnung

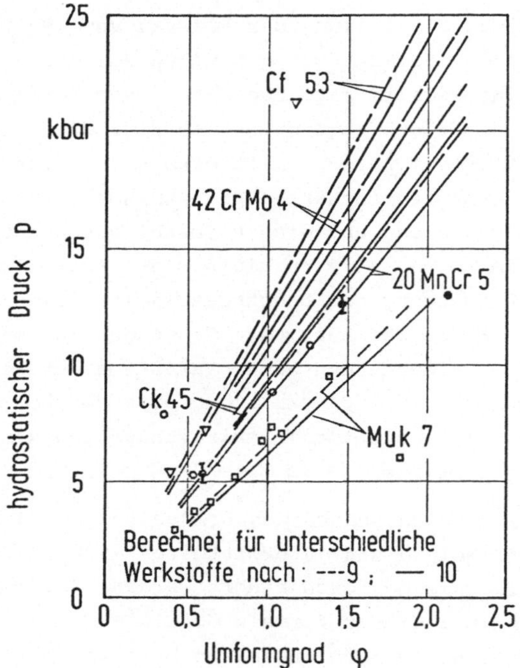

Bild 39: Mit Hilfe von empirischen Formeln ermittelte
hydrostatische Drücke im Vergleich mit experimentellen Ergebnissen.

des Flüssigkeitsdruckes zu, sofern der gewählte Schulteröffnungswinkel beim Fließpressen nicht wesentlich vom Bereich der
optimalen Winkel abweicht. Im vorliegenden Fall wurden die mit
2 α = 40 ° ermittelten Drücke als Vergleichswerte herangezogen.

     Stoffflußuntersuchungen beim Voll-Vorwärts-Fließpressen
     mit Werkzeug bzw. mit Wirkmedium

Im Schrifttum [7, 40, 41] wird darauf hingewiesen, daß beim
hydrostatischen Voll-Vorwärts-Fließpressen eine homogenere
Umformung erreicht werden kann, als dies beim konventionellen
Verfahren möglich ist. In [40] hebt Brehme aber auch gleichzeitig hervor, daß dies zum Teil auf der beim hydrostatischen
Fließpressen besser möglichen Verwendung von kleinen Matrizenwinkeln beruht. Es schien daher notwendig, durch vergleichende Stoffflußuntersuchungen die tatsächlichen Unterschiede zwischen den beiden Verfahrensvarianten zu untersuchen.

5.1   Versuchsbedingungen

Grundlage visioplastischer Untersuchungen ist die experimentelle Ermittlung des für die jeweiligen Umformbedingungen charak-
teristischen Werkstoffflusses und Geschwindigkeitsfeldes. Zu
diesem Zweck werden Rohteile in der Mittelebene in Längsrichtung geteilt. In die Teilungsebene der einen Hälfte wird ein
Rasternetz mit einem Maschenabstand von 1 mm eingeritzt (s.
Bild 40). Die wieder zusammengefügten Hälften werden anschlies-
send normal verpreßt. Es ist jedoch darauf zu achten, daß weit
genug gepreßt wird, um mit Sicherheit auch den quasistationären
Bereich der Umformung zu erfassen. Besonders beim hydrostatischen Fließpressen müssen die Versuche mit äußerster Sorgfalt
durchgeführt werden, weil durch die geteilten Proben zusätzliche Probleme mit der matrizenseitigen Abdichtung des Druckraumes zu Beginn des Vorgangs auftreten.

Mit einem Umformgrad von $\varphi = 1{,}3$ bzw. $\varphi = 1{,}4$ wurden Teile
sowohl hydrostatisch als auch konventionell fließgepreßt, und
zwar unter Verwendung von Matrizen mit unterschiedlichen
Schulteröffnungswinkeln. Zur Vervollständigung des Bildes
wurden hydrostatisch auch noch einige Proben mit kleinerem φ
gepreßt. Bei dem Versuchswerkstoff handelt es sich in allen
Fällen um Muk 7 - die Rohteile waren nicht phosphatiert, wurden aber zur Sicherheit gegen Kaltverschweißungen (insbesondere beim konventionellen Fließpressen) vor dem Umformvorgang

Bild 40 : Mit einem Liniennetz versehene Hälften von fließ-
          gepreßten Teilen.

mit Gleitlack besprüht. Das Ausmessen des verformten Meßrasters
erfolgte mit Hilfe eines Meßmikroskopes.

5.2   Theoretische Grundlagen

Die Auswertung der bei den Versuchen gewonnenen Meßdaten erfolgte mit Hilfe eines Rechnerprogramms, dem die im folgenden kurz
beschriebenen Voraussetzungen zugrundeliegen [42].

Das Geschwindigkeitsfeld eines stationären bzw. quasistationären Umformvorgangs, wie er beim Voll -Vorwärts-Fließpressen
vorliegt, läßt sich aus den anhand des Meßrasters gemessenen
Verschiebungen und der gegebenen Stempelgeschwindigkeit bestimmen. Entlang der Stromlinien ändert sich die Geschwindigkeit eines Werkstoffteilchens von einem Meßrasterpunkt zum
nächsten, es wird daher mit einer mittleren Geschwindigkeit
eines imaginären Punktes, der auf der Mitte der geraden Ver-
bindungslinie zwischen zwei Rasterpunkten liegt, gerechnet.
Aus diesem Grunde ist es wichtig, das Meßraster so engmaschig
wie möglich zu wählen. Im vorliegenden Fall ist durch die
größten Umformgrade jedoch ein Ausmessen des deformierten
Netzes unterhalb 1 mm Ausgangsmaschenabstand nicht mehr möglich.

Stärker fehlerbehaftet ist das beschriebene Verfahren vor
allem auch bei großen Schulterwinkeln, weil hier die durch
starke Umlenkungen großen Geschwindigkeitsänderungen nur unzu-
reichend erfaßt werden.

Im Verlauf eines nächsten Rechenschrittes wird das gewonnene
Geschwindigkeitsfeld auf die Knotenpunkte eines normierten
Netzes umgerechnet. Für dieses normierte Netz wird nun die Verteilung der Formänderungsgeschwindigkeiten mit Hilfe von Dif-
ferenzenquotienten bestimmt. Auf die Bestimmungsgleichungen
der Verzerrungsgeschwindigkeitskomponenten (in Richtung der
Achsen eines Zylinderkoordinatensystems) soll nicht näher eingegangen werden; es sei hier auf die Ausführungen in [41] ver-
wiesen. Gleiches gilt auch für die Formänderungen und die Vergleichsformänderungen, die in einem nächsten Schritt bestimmt
werden.

Alle berechneten Werte werden dann wieder auf die Punkte des
tatsächlichen Meßrasters zurückinterpoliert. Ergebnisse dieser
Rechnung werden im folgenden diskutiert. Dabei ist noch zu beachten, daß die in den Darstellungen angegebenen Vergleichs-
formänderungsgeschwindigkeiten auf Grund der Vorgehensweise bei
der Berechnung auf die Stempelgeschwindigkeit normiert sind.

5.3 Vergleich der rechnerisch ermittelten örtlichen Formänderungen beim hydrostatischen und koventionellen Voll-Vorwärts-Fließpressen

Die Daten der Auswertung der verformten Meßraster wurden zunächst ausgeplottet. Darstellungen dieser Art sind im folgenden
Bild 41 gezeigt. Es sind für unterschiedliche Schulteröffnungswinkel Meßraster von hydrostatisch und konventionell gepreßten Proben gegenübergestellt.

Die aufgrund des ersten Eindrucks sich ergebenden Unterschiede
zwischen beiden Verfahren sind gering. Eine kleine Differenz,
die bedingt durch die Art der Darstellung hier nicht so deutlich zum Tragen kommt, ist am Probenrand im Bereich der Schulter feststellbar. Bei den konventionell gepreßten Proben sind

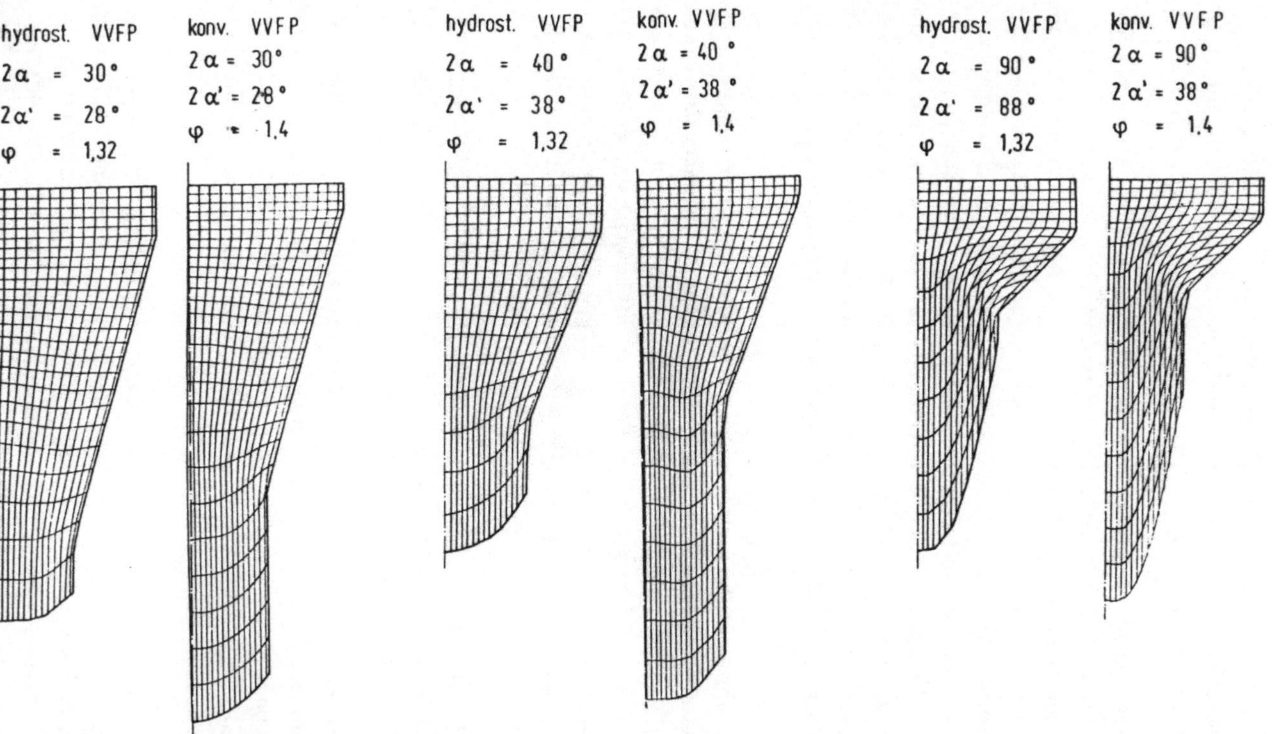

Bild 41: Nach Meßwerten gezeichnete verzerrte Liniennetze von hydrostatisch und konventionell fließgepreßten Proben.

durch den starken Reibungseinfluß die ursprünglich radial ver-
laufenden Linien stark nach oben gekrümmt. Bei den hydrostatisch gepreßten Teilen dagegen ist lediglich im Bereich des
Fließbundes eine leichte Rückwärtskrümmung zu beobachten, im
oberen Bereich der Fließschulter münden die Linien weitestgehend waagerecht. Dies deutet darauf hin, daß eine gute Trennung
zwischen Werkzeug und Werkstück über weite Bereiche der Matrize stattgefunden, sich also tatsächlich ein wirksamer Schmier-
stoffkeil ausgebildet hat und die Reibung minimiert hat.

Die nachfolgenden Bilder 42 bis 45 zeigen Darstellungen der
rechnerisch ermittelten Formänderungsverteilungen. Die Richtig-
keit der Rechnung und der zugrundegelegten Messungen läßt sich
zumindest teilweise am für die Probenmittelachse ermittelten

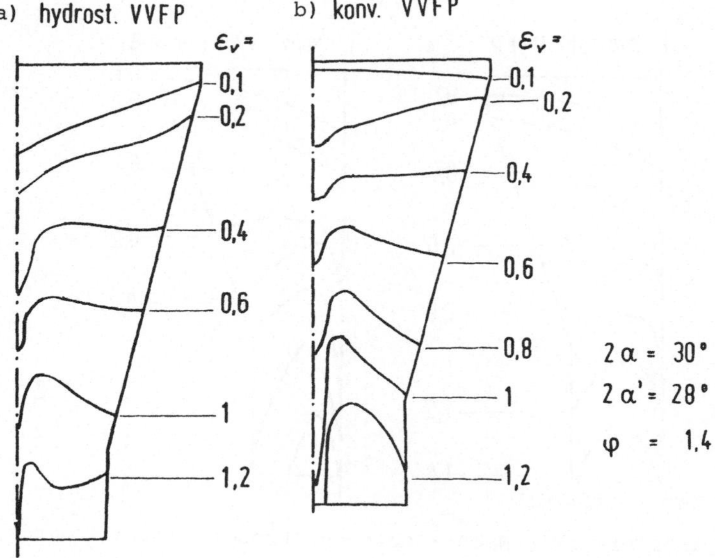

Bild 42: Verteilung der Vergleichsformänderungen beim hydrostatischen (a) und konventionellen VVFP (b).

maximalen Umformgrad ablesen. Dieser Wert muß mit dem jeweiligen Wert für den Gesamtumformgrad $\varphi = \ln \frac{A_0}{A_1}$ übereinstimmen. Bei den hier gezeigten Ergebnissen beträgt die Abweichung im Mittel etwa 10 %, was einerseits im Berechnungsverfahren begründet, andererseits aber auch auf Meßungenauigkeiten zurückzuführen ist. Die Abweichungen sind aber hinreichend klein, um den gewünschten Vergleich zwischen den beiden Varianten des Voll-Vorwärts-Fließpressens durchführen zu können. Die konventionell gepreßten Proben haben vor der eigentlichen Umformung bereits eine Stauchung erfahren (nämlich bis zum Anliegen der Probe an der Aufnehmerwand). Um bei beiden Fließpreßverfahren vergleichbare Ausgangsverhältnisse zu erhalten, wurde bei den konventionell gepreßten Proben mit einem gedachten Ausgangsnetz gerechnet, dessen Maschenabstand dem der gestauchten Proben entsprach. Der Maschenabstand in x- und y-Richtung wurde nach dem Fließpressen im oberen Kopfbereich durch Ausmessen ermittelt.

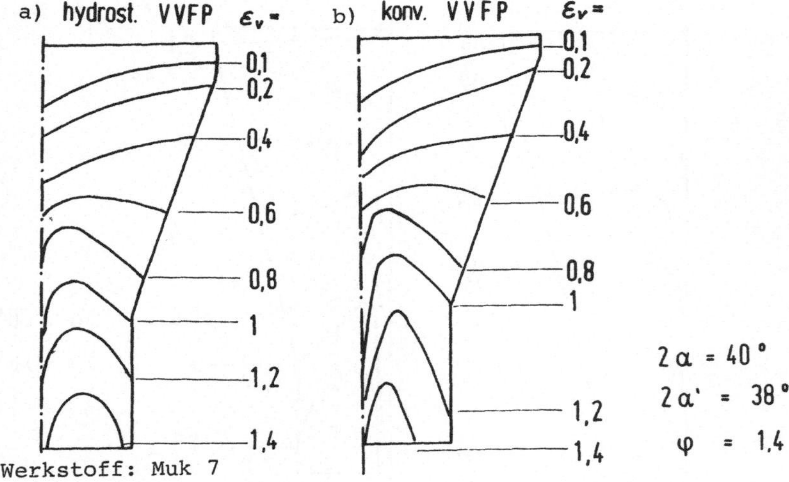

Schmierstoff: Wachs-Emulsion, Proben zusätzlich mit Gleitlack (MoS_2) geschmiert

Bild 43: Verteilung der Vergleichsformänderungen beim hydrostatischen (a) und konventionellen VVFP (b).

Aufgrund der geringeren Schiebung beim Ein- und Austritt aus
der Umformzone ist, wie zu erwarten gewesen, die Formänderungs-
verteilung für den in Bild 42 gezeigten Fall mit 2 α = 30 °
homogener als bei den in den folgenden Bildern 43 und 44 gezeigten Verteilungen für 2 α = 40 ° und 2 α = 90 °. Der Vergleich der beiden Teilbilder a und b zeigt, daß im Fall des
hydrostatischen Fließpressens eine geringfügig homogenere Verteilung der Vergleichsumformgrade über dem Probenquerschnitt
vorliegt. Dies gilt für alle untersuchen Matrizenöffnungswinkel.

Die sehr homogene Verteilung der örtlichen Umformgrade, wie
sie insbesondere in Pugh [7] für das hydrostatische Fließpressen beschrieben wird, konnte jedoch nicht bestätigt werden,
zumindest nicht wenn in den verglichenen Fällen die Matrizenwinkel übereinstimmen.
Zu einem Gutteil ist diese homogenere Umformung auf den günsti-
geren Reibungszustand im Bereich der Umformzone zurückzuführen. Bestätigung hierfür ist auch nochmal die weiter oben genannte Beschreibung des Netzlinienverlaufes im Bereich des
Probenrandes.

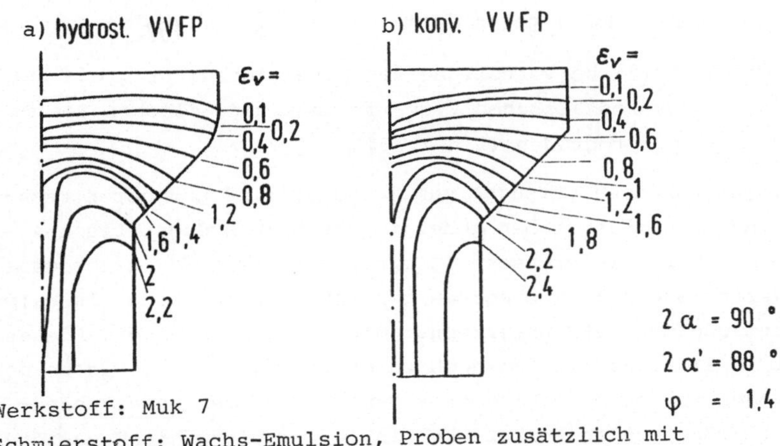

Werkstoff: Muk 7

Schmierstoff: Wachs-Emulsion, Proben zusätzlich mit
Gleitlack (MoS$_2$) geschmiert

Bild 44: Verteilung der örtlichen Umformgrade beim hydrostatischen (a) und konventionellen (b) Voll-Vorwärts-Fließpressen.

Im Bild 45 soll abschließend der Einfluß unterschiedlicher
Gesamtumformgrade (bei sonst gleichen Versuchsbedingungen) auf
die Verteilung der örtlichen Umformgrade gezeigt werden. Alle
Proben wurden hydrostatisch fließgepreßt und zwar mit Matrizen
mit einem Schulteröffnungswinkel 2 α = 30 °.

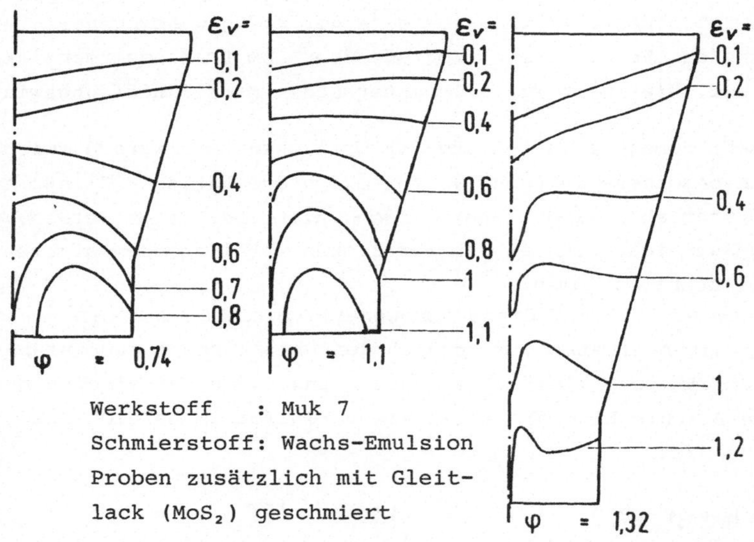

Bild 45: Örtliche Verteilung der Vergleichsumformgrade bei
hydrostatischen VVFP mit unterschiedlichen Gesamt-
umformgraden (2 α = 30°).

Die vergleichenden Versuche zum Werkstofffluß und deren rechnerische Auswertung haben gezeigt, daß beim hydrostatischen
Voll-Vorwärts-Fließpressen mit einer nur geringfügig homogeneren Verteilung der Umformgrade gerechnet werden kann als beim
konventionellen VVFP unter sonst gleichen Bedingungen. Dieses
steht im Einklang mit den noch zu erörternden Ergebnissen der
Messungen zu den mechanischen Eigenschaften der unterschiedlich fließgepreßten Werkstücke. In [47] wird aufgrund weiterer
Ergebnisse aus dem Schrifttum die allgemein dem hydrostatischen
Verfahren zugesprochene homogenere Umformung im wesentlichen
der Tatsache zugeschrieben, daß in der Regel mit kleinen
Schulteröffnungswinkeln gearbeitet wird.

Der nach den vorliegenden Ergebnissen zumindest tendenziell
gegebene Vorteil des hydrostatischen Fließpressens ist vor
allem auf die günstigen tribologischen Bedingungen im Bereich
der Umformzone zurückzuführen - im Bereich der Randzone wirkt
sich das Fehlen der Scherung günstig auf den Werkstofffluß
aus.

6   <u>Werkstückeigenschaften</u>

Im Sinne der Zielsetzung der vorliegenden Arbeit, das hydrostatische und das konventionelle Voll-Vorwärts-Fließpressen
vergleichend zu behandeln, sollen im folgenden auch die Werkstückeigenschaften der nach den beiden Verfahren gefertigten
Teile miteinander verglichen werden, soweit dies anhand der
durchgeführten Versuche möglich ist. Entsprechend dem Versuchsprogramm sind echte Vergleichsmöglichkeiten nur bei dem
Werkstoff Muk 7 gegeben.

6.1   <u>Gefüge</u>

Seido u. a. weisen in [16] darauf hin, daß beim hydrostatischen
Strangpressen allgemein ein feineres Gefüge auftritt, auch in
[29] wird die Gefügebeeinflussung bei Schnellstählen hervorgehoben. Bei der Verarbeitung von nichtrostenden Edelstählen
ähnlich der Werkstoff-Nr. 1.4301 wurde ein im Vergleich zu ge-
zogenen Proben höherer Anteil an Umformmartensit gefunden [43].
Bei den genannten Arbeiten [16] und [43] ist der gefundene
Effekt jedoch vermutlich weniger auf den Einfluß des hydrostatischen Drucks oder der homogeneren Verteilung der Formänderungen zurückzuführen, sondern vielmehr ein Temperatureffekt.
Bei der Verarbeitung von Kupfer und Aluminium kann der druck-
und umformbedingte Temperaturanstieg zu einer Rekristallisa-
tion während der Umformung führen, welche dann naturgemäß ein
feinkörniges Gefüge hervorruft, sofern der vorausgegangene Umformgrad groß genug war. Bei der Verarbeitung der austeniti-
schen Chrom-Nickelstähle dürften dagegen die Wärmeabfuhrbe-
dingungen über das Druckmedium beim hydrostatischen Pressen zu
der ungünstigen Bildung von Umformmartensit geführt haben [44].

Die eigenen beim Werkstoff Muk 7 durchgeführten Untersuchungen
haben dagegen keinerlei Gefügeunterschiede zwischen hydrostatisch und konventionell gepreßten Teilen erbracht. Beispielhaft
soll dies anhand der beiden Gefügeaufnahmen b_1 und b_2 im
Bild 46 sowie auch Bild 47 gezeigt werden. Die beiden genannten
Bilder 46 zeigen Längsschliffe aus dem Schaftbereich fließge-

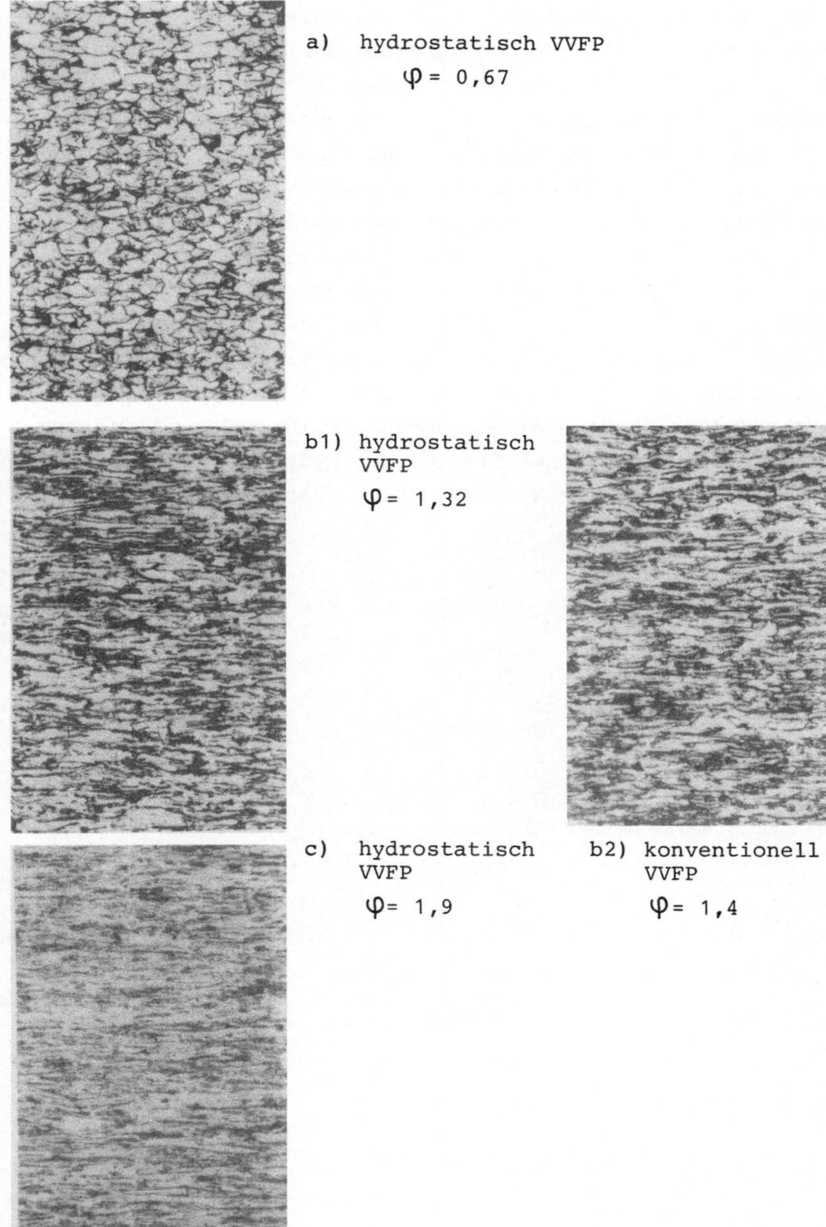

Bild 46 : Gefügeaufnahmen vom Werkstoff Muk 7, unterschiedlich umgeformt

preßter Proben. Beide Gefüge sind gekennzeichnet durch langge-
streckte Kristallite , wobei aufgrund der großen Gesamtumfor-
mung von $\varphi = 1,3$ der genaue Korngrenzenverlauf nicht mehr aus-
zumachen ist. Unterschiede, die auf einen Einfluß des hydrostatischen Druckes schließen ließen, sind ebenso wenig zu erkennen wie in Bild 47. Hier werden Querschliffe aus dem Kopfbereich der Teile gezeigt. Verglichen werden das Rohteilgefü-
ge (47 a), das Gefüge nach zweimaliger Druckbelastung mit ca.
7 kbar sowie ein Ausschnitt aus dem Kopf eines konventionell
gepreßten Teiles. In allen Fällen wurde der Werkstoff nicht
umgeformt - abgesehen von der Stauchung bis zum Anliegen des
Rohteils an der Aufnehmerwand im Fall des konventionell gepreßten Teiles. Anhand dieser Versuchsreihe sollte lediglich
überprüft werden, welchen Einfluß der hydrostatische Spannungszustand gegebenenfalls auf das Gefüge ausübt.

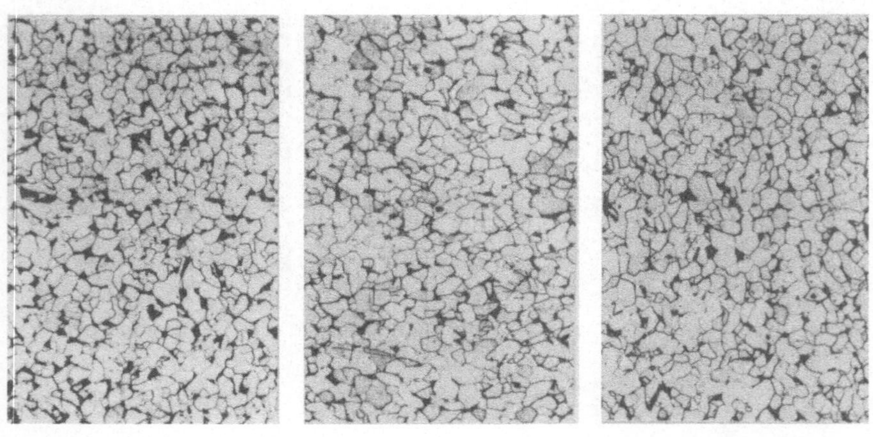

a) Ausgangszustand   b) nach 2-maliger   c) aus dem Kopf
                           Druckbelastung   eines konventionell
                           (hydrostatisch)   gepreßten Teils

Bild 47: Gefügeaufnahmen von nicht umgeformtem Werkstoff
         Muk 7.

Abschließend sei noch an weiteren Gefügeaufnahmen das Verhalten
der übrigen verwendeten Werkstoffe dargestellt (Bilder 48, 49

und 50). Auch an diesen Schliffbildern sind keine Besonderhei-
ten feststellbar. Anhand des perlitischen Gefüges lassen sich
ähnliche Veränderungen,wie oben bereits dargestellt, zeigen.
Die Umformung führt zu einer starken Streckung des Gefüges und
teilweisem Aufbrechen der Perlitkörner.

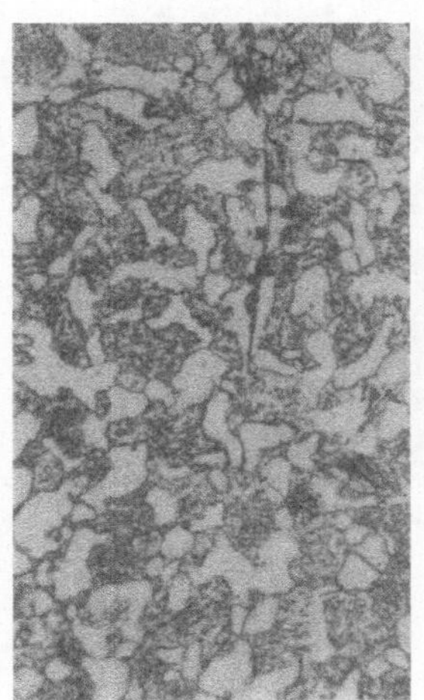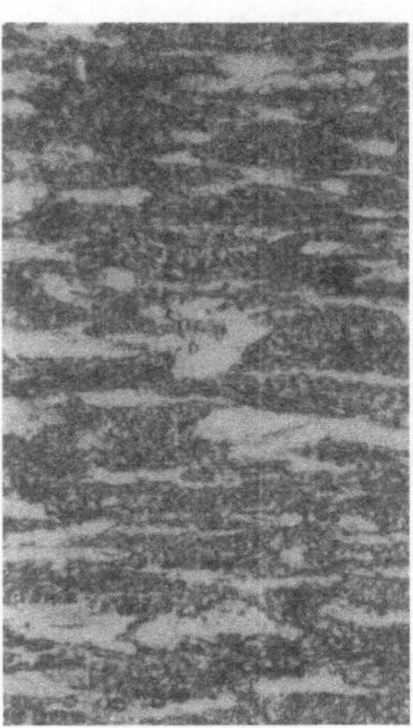

Bild 48: Werkstoff Ck 45, links Quer-,rechts Längsschliff,
$\varphi = 1$.

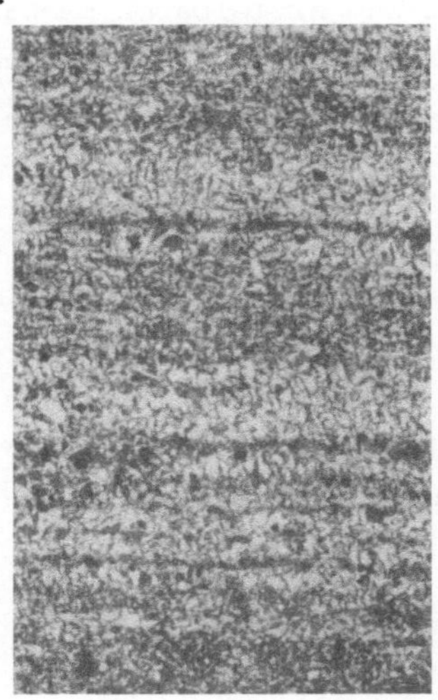

Bild 49: Werkstoff 20 MnCr 5, Längsschliff, $\varphi = 0,6$.

Bild 50: Werkstoff 42 CrMo 4, links Kopfbereich, rechts
Schaft.

6.2   Mechanische Eigenschaften

Für die industrielle Anwendung eines Umformverfahrens besonders
interessant sind die mit ihm erzielbaren mechanischen Werkstückeigenschaften. Auch hier werden häufiger wieder dem hydrostatischem Verfahren bessere Kennwerte als beim konventionellen
VVFP erzielbare zugeschrieben [7, 43]. Aus den bereits im
Abschnitt 6.1 genannten Gründen ist aber eine differenziertere
Betrachtung angebracht, da bei der Umstellung von der einen zur
anderen Verfahrensvariante zumindest beim Strangpressen die
Temperaturführung des Vorgangs häufig entscheidend geändert
wird und somit auch andere mechanische Eigenschaften erwartet
werden müssen - diese sind aber dann weniger auf die Wirkung
des hydrostatischen Druckes zurückzuführen.

6.2.1 Zugfestigkeit /Druckfestigkeit

Wie im Kapitel 1 bereits erwähnt, befassen sich einige Untersuchungen ausführlich mit dem Verhalten metallischer Werkstoffe unter hohem hydrostatischem Druck [19, 22, 23]. Mit den
folgenden Versuchen sollte insbesondere überprüft werden, ob

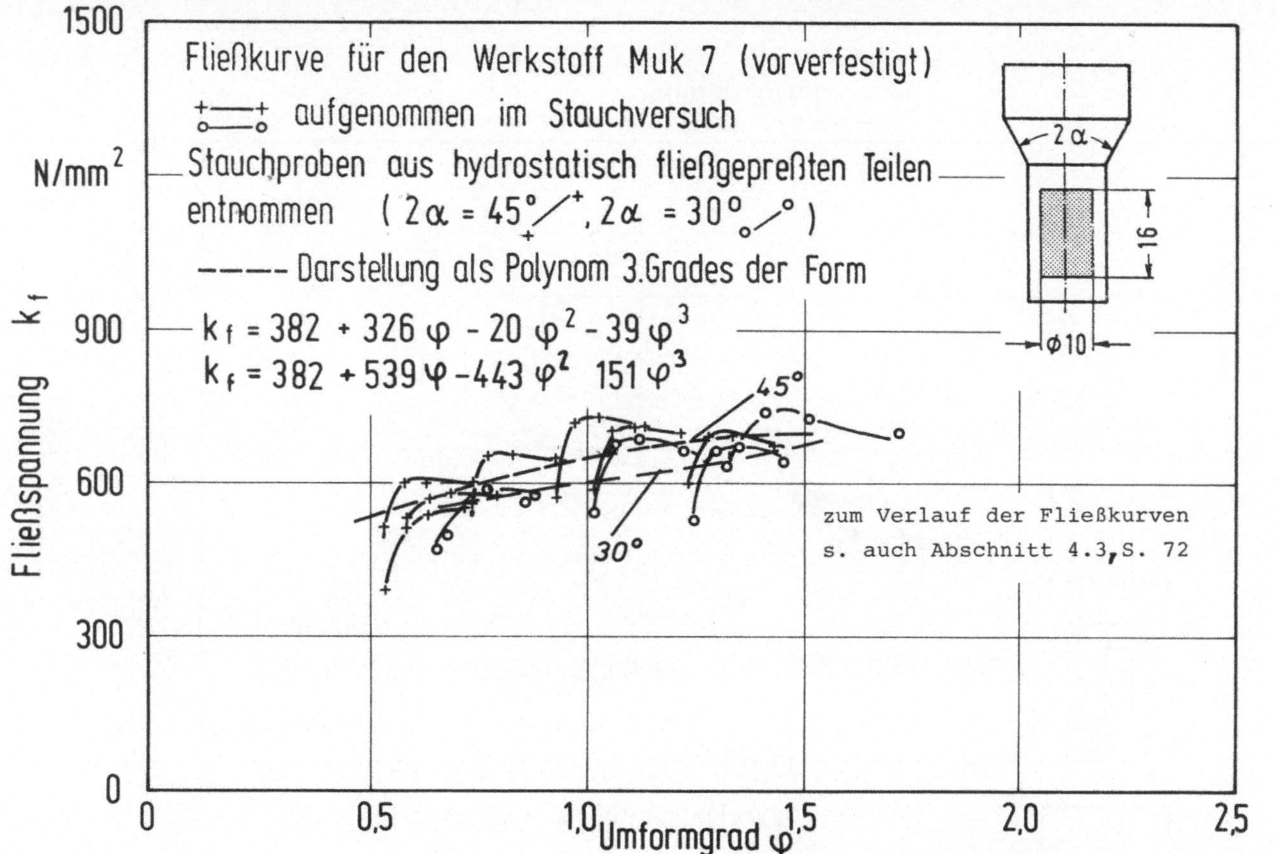

Bild 51: Im Stauchversuch aufgenommene Fließkurven von hydrostatisch fließgepreßtem Werkstoff Muk 7.

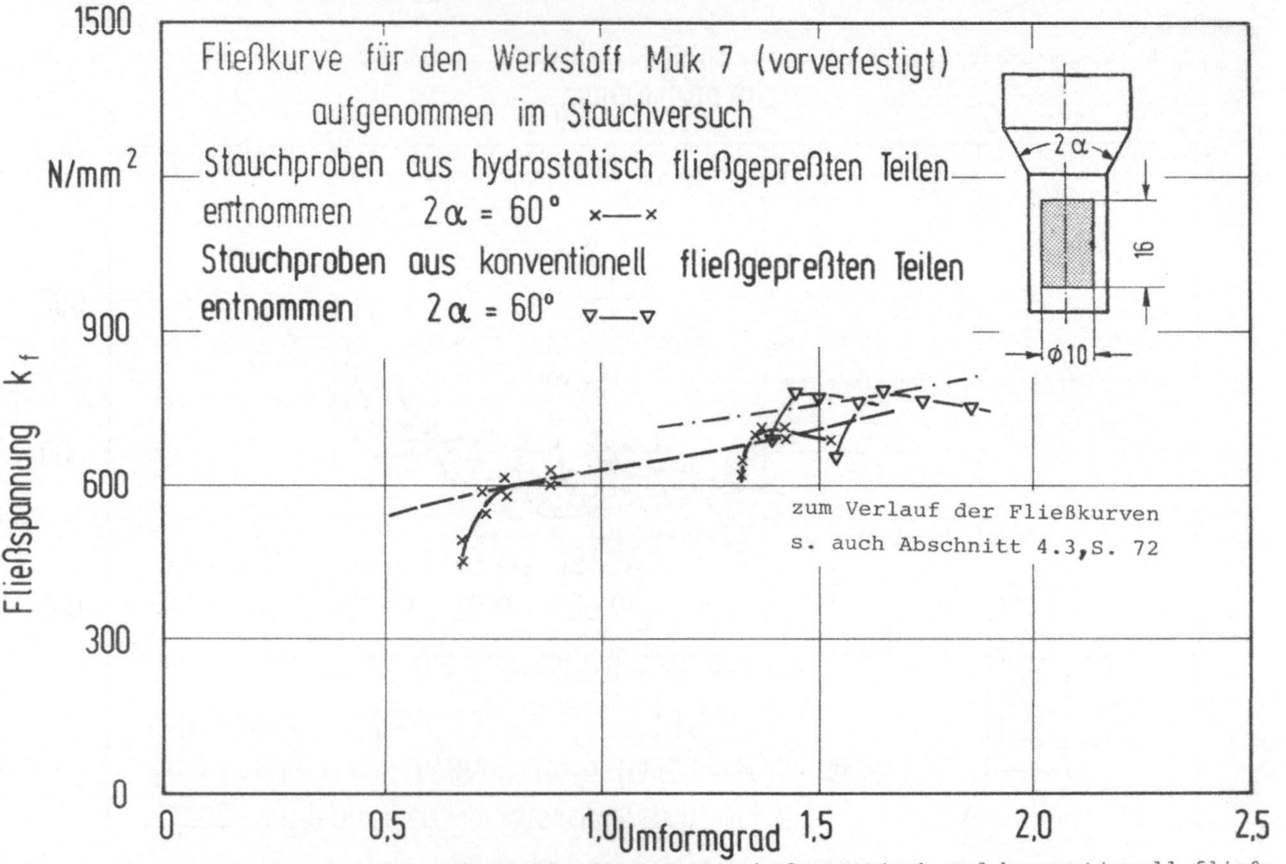

Bild 52: Im Stauchversuch aufgenommene Fließkurven von hydrostatisch und konventionell fließ-gepreßtem Werkstoff Muk 7.

das hydrostatische Fließpressen gegenüber dem konventionellen
Verfahren eine zusätzliche Verfestigung nach dem von Haasen
[23] beschriebenen Mechanismus zu erzielen ist. Zu diesem Zweck
wurden aus sowohl hydrostatisch als auch konventionell mit
unterschiedlichen Querschnittsverhältnissen gepreßten Werkstücken Zug- und Stauchproben für die Aufnahme von Fließkurven
entnommen. In den folgenden Bildern 51 und 52 sind die Ergebnisse aus Stauchversuchen wiedergegeben. Es wurde jeweils
nur der Beginn der entsprechenden Fließkurve aufgetragen und
anschließend ein Ausgleichspolynom durch die Punkteschar gelegt. Zunächst fällt der nicht unerhebliche Einfluß der Matrizenwinkel auf, bei einer Abweichung vom optimalen Schulteröffnungswinkel steigt die Fließspannung an. Dies ist auf die
größere Schubumformung beim Ein- und Austritt aus der Umformzone zurückzuführen. Im Bild 51 nicht mit aufgenommen sind die
entsprechenden Kurven für 2 α = 60 ° und 2 α = 90 °, auch für
diese ergibt sich eine zusätzliche Steigerung. Die Gegenüberstellung der Ergebnisse aus hydrostatisch und aus konventionell umgeformten Werkstücken zeigt, daß durch das hydrostatische Fließpressen keine zusätzliche Verfestigung erwartet werden kann (Bild 52). Vielmehr hat der konventionell gepreßte
Werkstoff im untersuchten Bereich eine höhere Fließspannung.
Die gleiche Aussage läßt sich auch anhand des Bildes 53 ma-
chen. Hier wurden die in Zugversuchen (kurzer Proportionalstab
B 6 x 30 nach DIN 50 125) ermittelten Dehngrenzen $R_{p0,2}$ über
dem jeweiligen Umformgrad aufgetragen.

Da das Fließpressen zu den Verfahren der Druckumformung gehört [DIN 8583], wirkt naturgemäß auch beim konventionellen
Fließpressen ein hydrostatischer Druck auf den Werkstückwerk-
stoff. Gleichzeitig sind die bezogenen Stempelkräfte hier um
ca. 25 % größer als beim hydrostatischen Verfahren (siehe Abschnitt 3.7), so daß der auf den Werkstoff wirkende hydrostatische Druck durchaus größer sein kann, als bei vergleichbaren
Formänderungen durch hydrostatisches Fließpressen. Dies ist
eine mögliche Erklärung für die an konventionell gepreßten
Teilen festgestellten höheren Fließspannungen (Streckgrenzen).

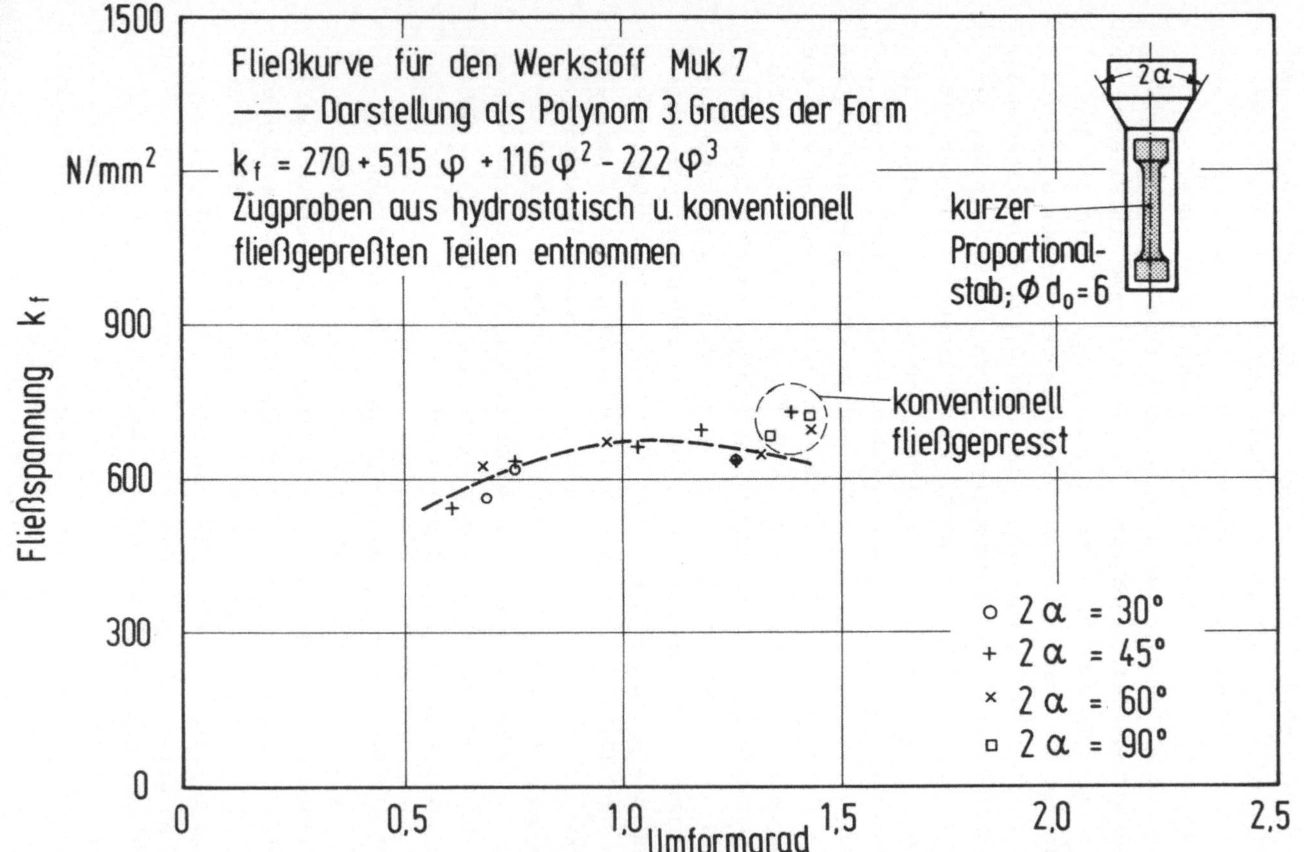

Bild 53: Im Zugversuch ermittelte Fließkurve für den Werkstoff Muk 7.

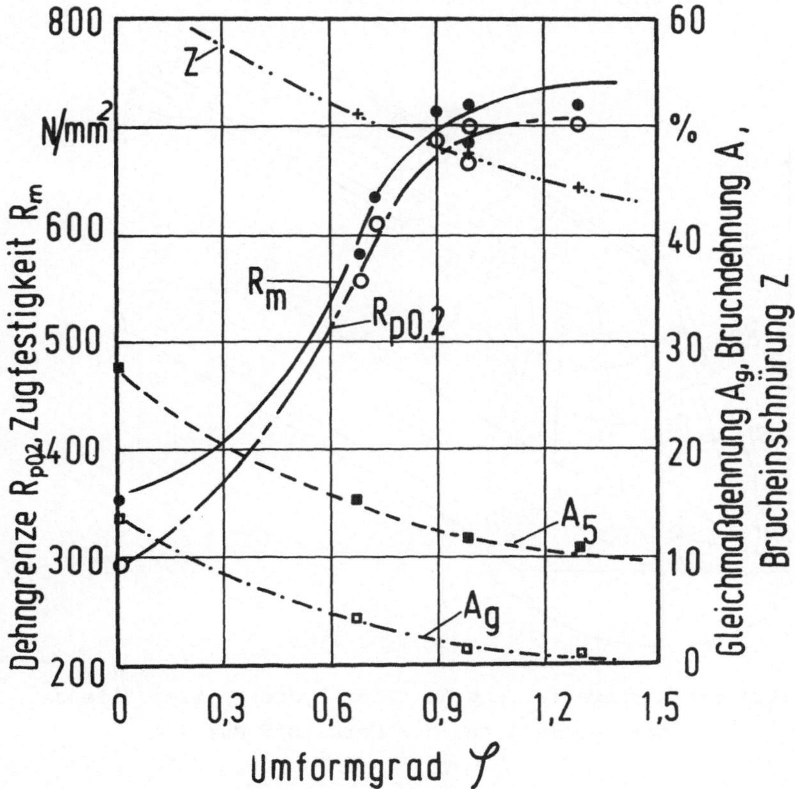

Bild 54: Im Zugversuch ermittelte mechanische Kennwerte
des hydrostatisch fließgepreßten Werkstoffs Muk 7.

Bild 54 zeigt zusammengefaßt die im Zugversuch ermittelten
mechanischen Eigenschaften hydrostatisch gepreßter Proben.
Die ermittelten Eigenschaften entsprechen dem, was nach Angaben im Schrifttum für die Kaltumformung zu erwarten ist. In
dieser Hinsicht sind also keine Vorzüge von der Anwendung des
hydrostatischen Verfahrens zu erwarten.

6.2.2   Härteverteilung

Neben Visioplasticity-Untersuchungen bietet nach Wilhelm [42]
auch die Messung der Härteverteilung im Werkstück eine Möglichkeit, die Verteilung der örtlichen Umformgrade festzustellen.
Die folgenden Betrachtungen sind daher auch im Zusammenhang

mit den Ergebnissen aus Abschnitt 5.3 zu sehen.

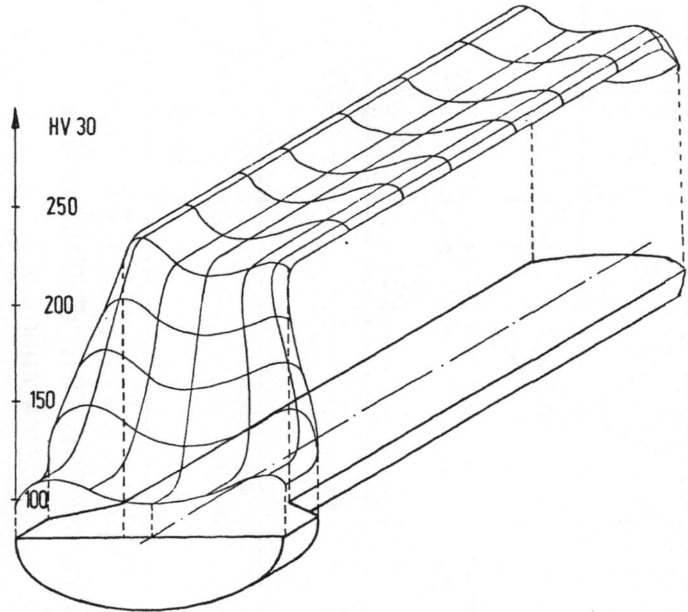

Bild 55: Härteverteilung an einem hydrostatisch fließgepreßten Teil aus dem Werkstoff Muk 7.

Einen ersten Eindruck von der örtlichen Verteilung der Härte
gibt das Bild 55. Auffallend ist die Härtezunahme von der Mitte zum Rand hin sowie der ausgeprägte Abfall im Bereich der
Randzone. Auch anhand des Bildes 56 wird dieser Sachverhalt
deutlich. Ein Vergleich mit der Ausgangshärteverteilung, wie
sie an Rohteilen gemessen wurde, zeigt, daß hier bereits ein
Grund für die über dem Schaftquerschnitt ungleichmäßige Verteilung der örtlichen Härte zu suchen ist. Verstärkt wird dieser Effekt durch die inhomogene Verteilung der örtlichen Umformgrade, wie sie auch durch die Stoffflußuntersuchungen
nachgewiesen wurden.

Welchen Einfluß das Fließpreßverfahren auf die Härteverteilung
hat, soll exemplarisch an Hand des Bildes 57 gezeigt werden.
Für sonst gleiche Umformbedingungen - nämlich Schulteröff-

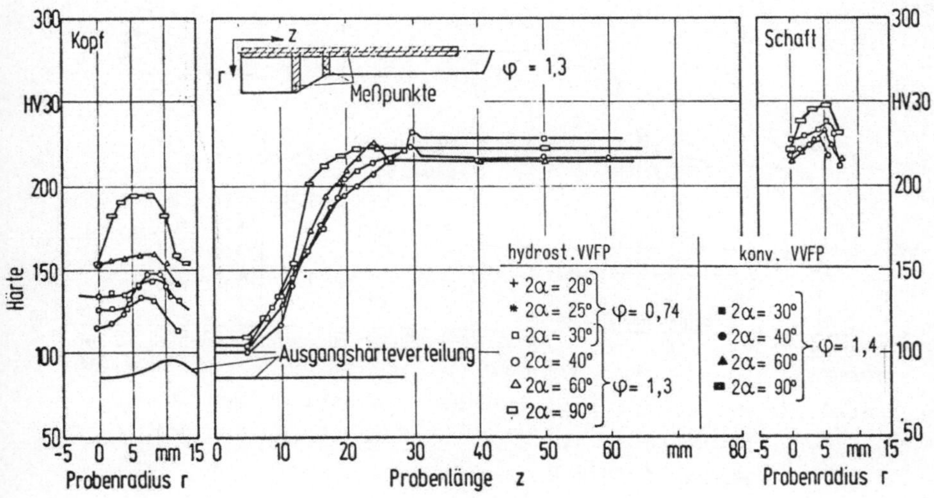

Bild 56: Härteverteilung nach dem hydrostatischen Fließpressen gemessen an Proben aus Muk 7 .

nungswinkel 2 α = 40 °, gleiche Schmierung und gleichen Ausgangszustand - sind die Härtewerte aufgetragen, wie sie an
einer hydrostatisch und einer konventionell gepreßten Probe
ermittelt wurden. Die konventionell gepreßte Probe ist
neben der etwas höheren Härte - bedingt durch den höheren
Gesamtumformungsgrad - auch durch eine noch ungleichmäßigere
Verteilung der Härte über dem Schaftquerschnitt gekennzeichnet.

Ähnlich den Ergebnissen der Stoffflußuntersuchungen ergibt
sich auch bei den Härtemessungen eine homogenere Verteilung
über dem Probenquerschnitt nach erfolgter geringerer Umformung
(Bild 58). So führt auch zweimaliges Fließpressen mit jeweils
kleineren Umformgraden am Endteil zu einer wesentlich gleich-
mäßigeren Härteverteilung über dem Probenradius als dies bei
einer Umformung in einer Stufe mit gleichem Gesamtumformgrad
zu erzielen ist (vgl. Bild 59 und 56).

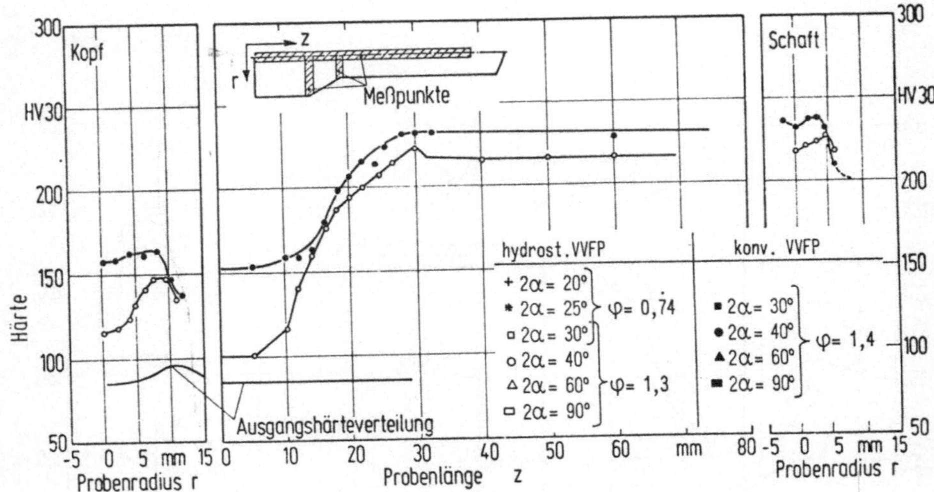

Bild 57: Härteverteilung nach dem konventionellen und hydrostatischen VVFP von Werkstücken aus dem Werkstoff Muk 7.

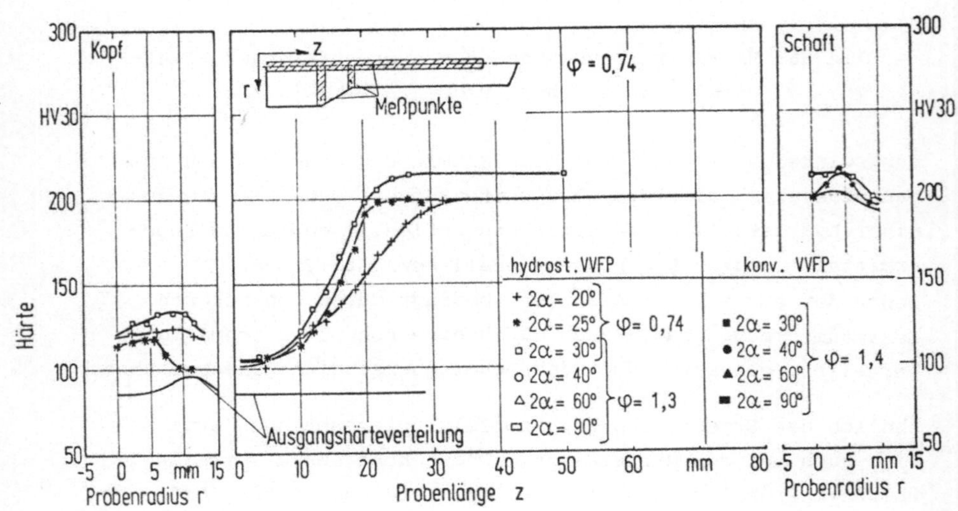

Bild 58: Örtliche Verteilung der Härte nach dem Fließpressen von Muk 7 (φ = 0,74).

- 99 -

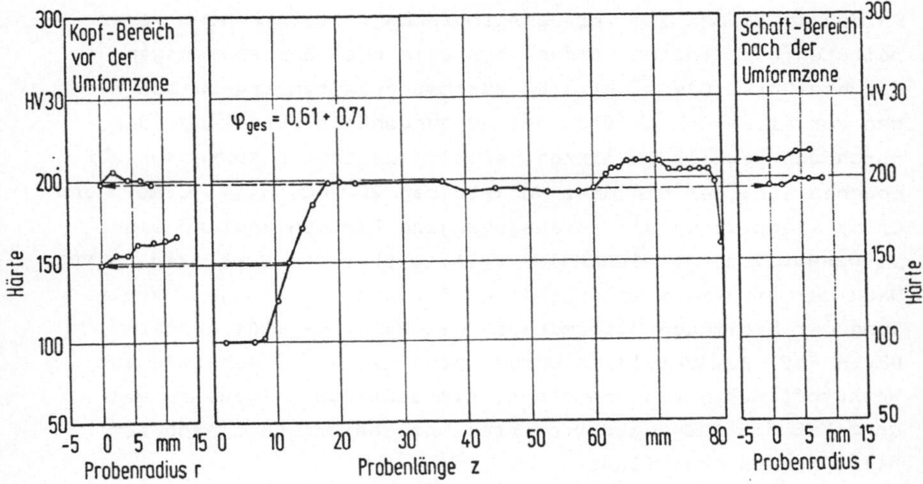

Bild 59: Härteverteilung an einer in zwei Stufen hydrostatischen fließgepreßten Probe.

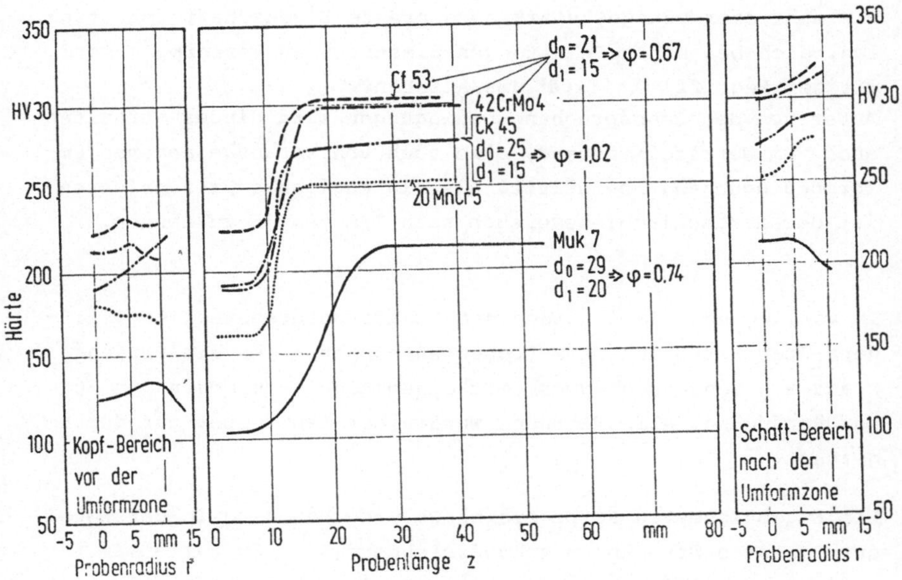

Bild 60: Härteverteilung nach dem hydrostatischen VVFP
gemessen an unterschiedlichen Werkstoffen
(2 α = 40 °).

An den im Rahmen des Versuchsprogramms weiterhin noch verar-
beiteten Werkstoffen wurden ebenfalls noch Härtemessungen
durchgeführt. Die in Bild 60 zusammengefaßten Ergebnisse zeigen vor allem den Einfluß der Ausgangshärteverteilung, die
durch den jeweils im linken Teilbild gezeigten Kurvenverlauf
gegeben ist. Bei den drei Werkstoffen 20 MnCr 5, 42 CrMo 4 und
Cf 53 liegt durch die vorausgegangene Wärmebehandlung eine
im wesentlichen gleichmäßigere Härte über dem Probenradius vor.
Nach der Umformung weist,bedingt durch die inhomogene Verteilung der örtlichen Umformgrade, die Randzone eine größere
Härte auf. Zum Vergleich wurden nochmals die Ergebnisse zum
Werkstoff Muk 7 eingezeichnet, die deutlich zeigen, in welchem Maß die Ausgangshärteverteilung das Ergebnis nach dem
Fließpressen beeinflußt.

6.2.3   Kerbschlagzähigkeit

Die mehr oder weniger stark ausgeprägte Eigenschaft von Stählen, sich bei hohen Belastungen plastisch zu verformen, wird
mit dem Begriff Duktilität umschrieben.
Außer von den Beanspruchungsbedingungen wird dieses Verhalten
auch vom Werkstoffzustand, also auch von vorausgegangenen Umformbedingungen, beeinflußt. Als ein mögliches Prüfverfahren
ist der Kerbschlagbiegeversuch nach DIN 50 115 zu nennen.

Im vorliegenden Fall wurden dem Schaft unterschiedlich fließgepreßter Werkstücke DVM-Proben entnommen - für die Prüfung
stand ein Pendelschlagwerk mit einem Arbeitsvermögen von 300 J
zur Verfügung. Alle Versuche wurden bei Raumtemperatur durchgeführt.

Die Ergebnisse von Kerbschlagbiegeversuchen sind in der Regel
durch starke Streuungen gekennzeichnet [49]. So fallen im
Bild 61, auch die sehr großen Streubreiten bis zu 20 % für die
ermittelten α_K-Werte auf. Mit zunehmendem Umformgrad nimmt
die Kerbschlagzähigkeit ab - wobei die an konventionell gepreßten Proben gemessenen Werte im unteren Bereich des Streu-
bandes von hydrostatisch gepreßten Proben einzuordnen sind
(s. auch Bild 62).

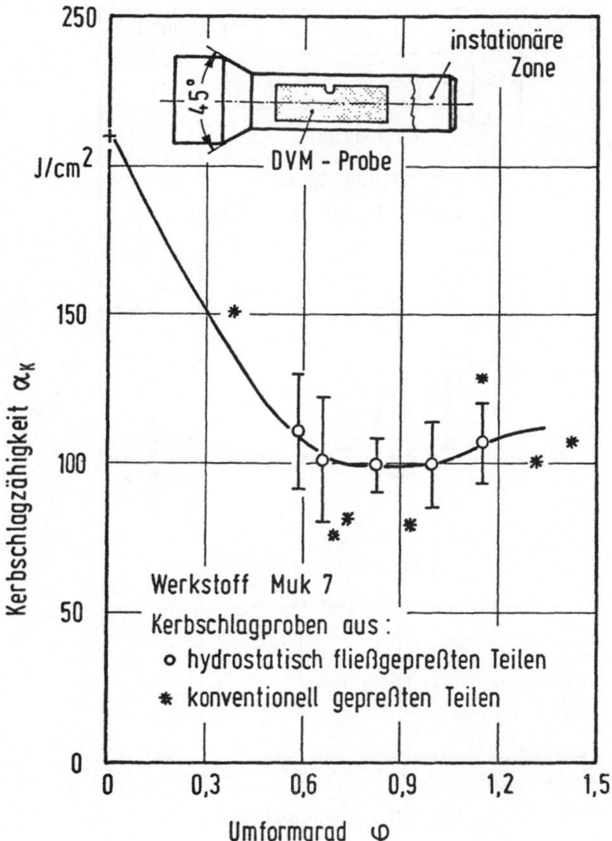

Bild 61: Kerbschlagzähigkeit in Abhängigkeit vom Umformgrad
und Umformverfahren

Eine deutliche Abhängigkeit der Kerbschlagzähigkeit von dem
Schulteröffnungswinkel bei der vorausgegangenen Umformung
läßt sich anhand der Ergebnisse in Bild 62 nachweisen. Etwa
im Bereich des optimalen Schulteröffnungswinkels tritt ein
deutliches Maximum auf. Auch bei der Darstellung Kerbschlagzähigkeit in Abhängigkeit von Umformgrad und Schulteröffnungswinkel wird dieses Maximum deutlich, mit zunehmendem Umformgrad verschiebt es sich zu größeren Schulteröffnungswinkeln.
Ausschlaggebend für die größere Zähigkeit könnte nach [48]

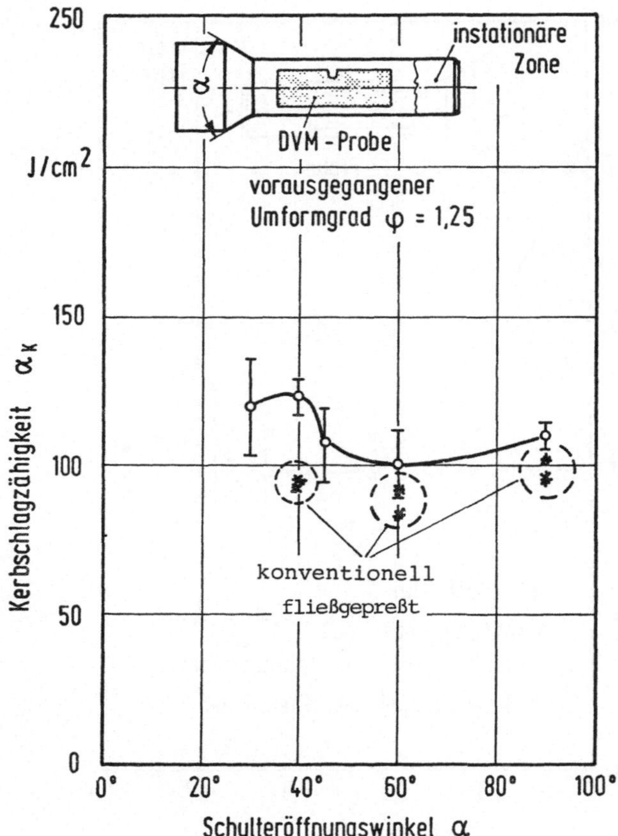

Bild 62: Kerbschlagzähigkeit in Abhängigkeit vom Schulteröffnungswinkel beim Fließpressen.

eine gleichmäßigere Gefügeausbildung durch geringere Scherung
sein.
Für die hydrostatisch gepreßten Proben könnte dies nach den
bisherigen Ergebnissen unter Umständen für die äußere Randzone
zutreffen, die aber auf die Kerbschlagbiegeproben keinen Einfluß hat. Als mögliche Begründung für die höhere Kerbschlagzähigkeit bei den hydrostatisch gepreßten Proben ist dagegen die
gegenüber konventionell gepreßten Teilen andere Härteverteilung
(s. Abschnitt 6.2.2) zu nennen, die gemessene Härte war insgesamt niedriger und geringfügig homogener verteilt.

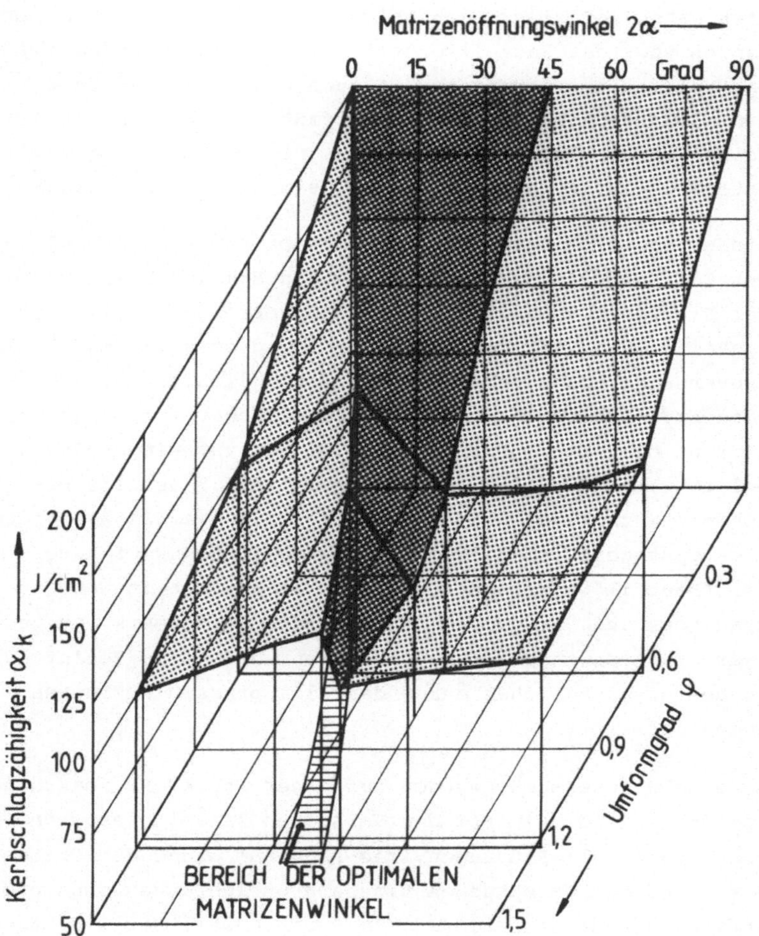

Bild 63: Kerbschlagzähigkeit in Abhängigkeit vom Umformgrad
und Matrizenwinkel (Werkstoff: Muk 7).

6.2.4   Dauerschwingverhalten

Neben Dauerschwingversuchen zur Ermittlung von Werkstoffeigen-
schaften haben vor allem auch solche zur Erweiterung des Kennt-
nisstandes über das Bauteilverhalten zunehmend an Bedeutung ge-
wonnen. Bei den letztgenannten Versuchen können Einflüsse
durch die Entstehung des Bauteils erfaßt werden - es ist daher
besonders für die Fließpreßverfahren, mit denen häufig ein-
baufertige Teile hergestellt werden, ein wichtiger Versuch.

Für einen Vergleich hydrostatisch und konventionell fließgepreßter Teile sollte nach den bisherigen Erkenntnissen vor allem der Einfluß der Randzonen der fließgepreßten Teile ausschlaggebend sein. Für die im folgenden zu beschreibenden Dauerschwingversuche mußte daher nach einer Möglichkeit gesucht werden, die Fließpreßteile ohne spanende Nachbearbeitung so vor-
zubereiten, daß ein Einspannen in eine Dauerschwingprüfmaschi-
ne möglich war. Mit Hilfe des in Abschnitt 3.3 bereits beschriebenen Werkzeugs wurde der untere Teil des fließgepreßten
Schaftes gestaucht, so daß ein mit zwei Einspannköpfen ver-
sehenes "Bauteil" entstand. Dadurch, daß der Schaft während
des Stauchens auf der ganzen Länge in dem Stauchwerkzeug ge-
faßt war, kann davon ausgegangen werden, daß keine Beeinträch-
tigung des ursprünglichen durch das Fließpressen erzeugten
Zustandes auftritt.

Die Dauerschwingversuche wurden auf einer 250 kN-Prüfmaschine
durchgeführt (Bild 64). Bei den Versuchen handelte es sich vor
allem um Zugschwell-Prüfungen, die sich auf Grund der Proben-
geometrie und der vorhandenen Einspannvorrichtungen ohne größeren Aufwand durchführen ließen. Im Druckschwell-Bereich kam es
bedingt durch unzureichende Ausrichtung häufig zu einem Ausknicken der Probe, auch wurden in dieser Versuchsreihe größere Streuungen festgestellt, was vermutlich ebenfalls auf nicht
reproduzierbare Einspannverhältnisse zurückzuführen ist.

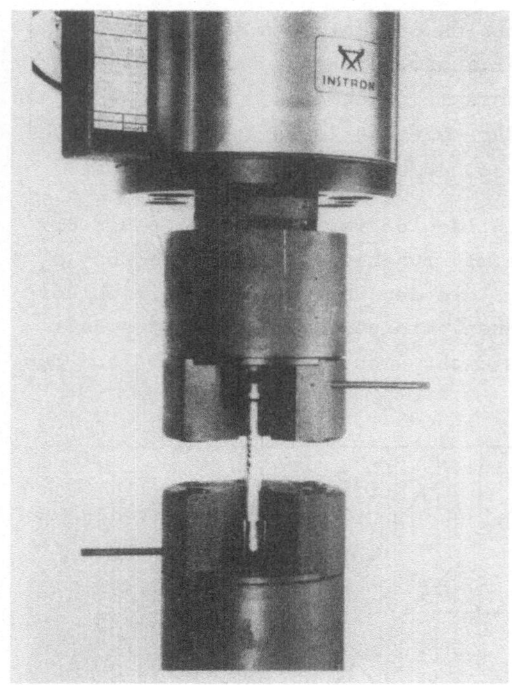
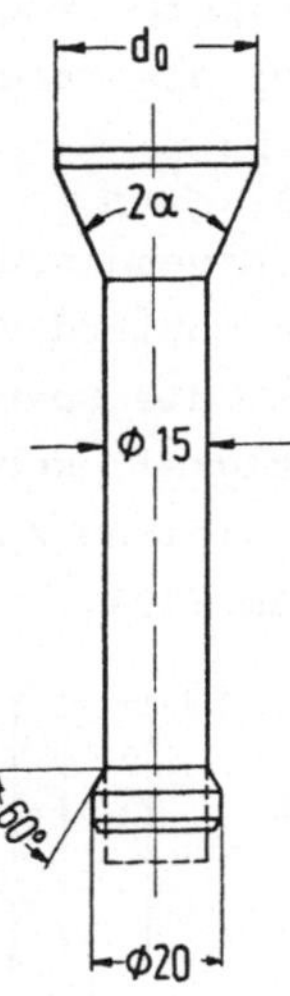

Bild 64: Durch Fließpressen und Stauchen hergestelltes
"Bauteil" eingespannt in Dauerschwing-Prüfmaschine.

Es wurden in unterschiedlichen Versuchsreihen die folgenden
Parameter variiert:

a) Proben durch hydrostatisches Fließpressen hergestellt
   a 1) Variation des Schulteröffnungswinkels 2 α
   a 2) Variation des Umformgrades φ
   a 3) Variation der Mittelspannung σ_m
b) Proben durch konventionelles Fließpressen hergestellt

Probenwerkstoff ist in allen Versuchen der Stahl Muk 7, der
Probendurchmesser beträgt 15 mm. Mit jeweils 10 bis 15 Proben
wurde der Verlauf von Wöhlerkurven nach DIN 50 100 ermittelt.
Bekanntlich weisen die Schwingspielzahlen erhebliche Streuungen auf, so daß Wöhlerkurven ausreichender Genauigkeit nur
mit Hilfe statistischer Auswertmethoden und damit verbundenem
höherem Versuchsaufwand aufgestellt werden können. Die im vor-

liegenden Fall für den Bereich oberhalb des sogenannten "Low
Cycle Fatigue"*bis zum Übergangsbereich zur Dauerschwingfestigkeit bestimmten Wöhlerdiagramme genügen jedoch den Ansprüchen,
zumal sich die Streuung der Meßwerte in vertretbaren Grenzen
gehalten hat.

Nach den Ergebnissen des Bildes 65 verschieben sich die ermittelten Wöhlerdiagramme mit zunehmender Mittelspannung σ_m
nach oben, die Spannungen, die den Übergang zum Bereich der
Dauerfestigkeit kennzeichnen, steigen im untersuchten Fall
ebenfalls leicht an. Dies deckt sich mit Ergebnissen aus dem
Schrifttum [50].

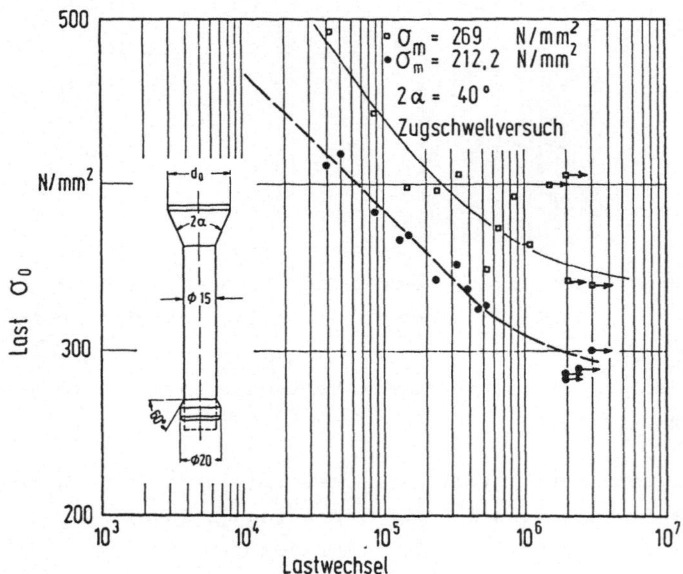

Bild 65: Einfluß der Mittelspannung auf die Lage der
Wöhlerdiagramme (Zugschwell-Versuche) von Bau-
teilen aus dem Werkstoff Muk 7.

* auch mit dem Begriff "Plasto-Ermüdung" umschriebene teil-
plastische Beanspruchung der Probe

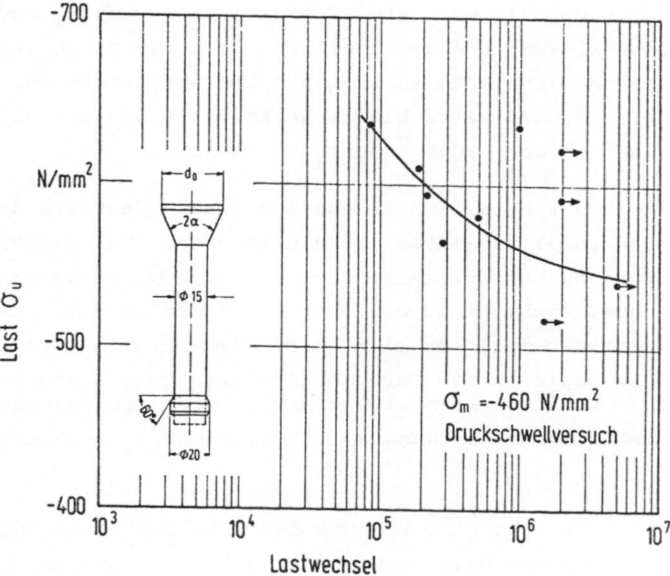

Bild 66: Unter Druckschwell-Belastung ermittelte Wöhlerkurve.

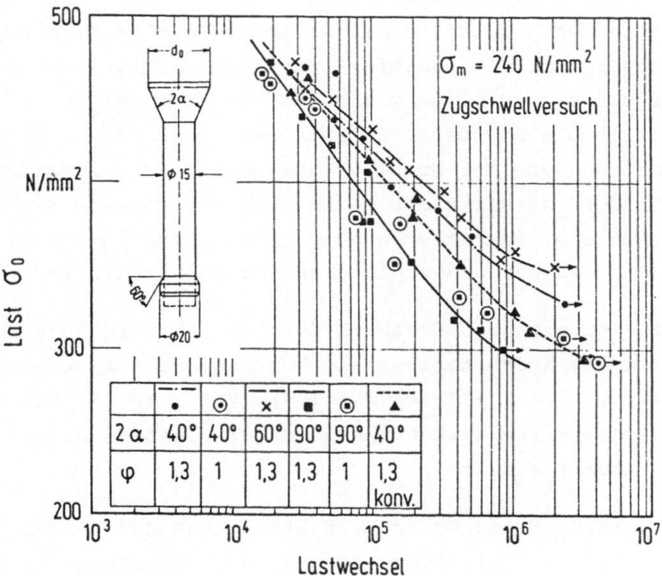

2α	40°	40°	60°	90°	90°	40°
φ	1,3	1	1,3	1,3	1	1,3 konv.

Bild 67: Wöhlerschaubilder für verschiedene Herstellbedin-
gungen der Bauteile.

Bei einer betragsmäßig noch größeren Mittelspannung σ_m wurden die Druckschwell-Versuche durchgeführt. Probenversagen trat hier in allen Fällen durch Aufstauchen und anschließendes Ausknicken der Schäfte ein. Die Verhältnisse sind also nicht direkt mit den obigen Ergebnissen vergleichbar.

Die im Bild 67 dargestellten Ergebnisse zeigen deutlich den Einfluß der Herstellparameter auf die Lage der Wöhlerkurven und die Dauerschwingfestigkeit. Die Dauerschwingfestigkeit σ_D wurde dabei nicht genau bestimmt - bei den im folgenden genannten Werten handelt es sich um die im Übergangsbereich bei $2 \cdot 10^6$ Lastspielen von Dauerläufern ertragene Oberspannung. Für den Schulteröffnungswinkel $2\,\alpha = 40\;°$ wird mit zunehmendem Umformgrad auch eine Zunahme der Dauerschwingfestigkeit erzielt.

Bis $2\,\alpha = 60\;°$ bewirkt eine Zunahme des Schulteröffnungswinkels ebenfalls höhere Dauerschwingfestigkeiten, beim Übergang zu Proben, die mit $2\,\alpha = 90\;°$ fließgepreßt wurden, ist dann ein sehr starkes Absinken von σ_{ZD} zu verzeichnen. Üblicherweise wird von der Annahme ausgegangen, daß sich die Scherung bei der Umformung durch Matrizen mit größeren Schulteröffnungswinkeln günstig auf die Dauerfestigkeit auswirkt, was die Ergebnisse für $2\,\alpha = 40\;°$ und $2\,\alpha = 60\;°$ ja auch zeigen. Es dürfte hier also ein anderer Effekt überwiegen. Für $2\,\alpha = 90\;°$ ist der Übergang von der Schulter zum Schaft sehr scharfkantig ausgebildet und wirkt als Kerbe. Dementsprechend sind bei den Versuchen die "Bauteile" auch grundsätzlich an dieser Stelle gebrochen, was bei anderen Proben nicht der Fall war.

Interessant ist auch das Ergebnis der Gegenüberstellung der Wöhlerkurven für hydrostatisch und konventionell fließgepreßte Teile (jeweils: $\varphi = 1{,}3$ (bzw. $\varphi = 1{,}4$), $2\,\alpha = 40\;°$). Für hydrostatisch hergestellte Werkstücke wurde eine höhere Dauerschwingfestigkeit ermittelt.

Als eine positive Einflußgröße zur Steigerung der Dauerschwingfestigkeit wird im Schrifttum [52, 53] die Erzeugung von Druckspannungen an der Werkstückoberfläche genannt. Wie die Ergebnisse vor allem in Abschnitt 5.3 gezeigt haben, wird beim

hydrostatischen Fließpressen vor allem in der Randzone eine
geringfügig homogenere Verteilung der Umformgrade erreicht,
weil die starke Schubbelastung durch Reibungseinflüsse fehlt.
Hierdurch wird sicherlich kein Druckspannungszustand, wie beispielsweise durch Strahlen,erzeugt. Denkbar ist aber, daß die
Ausbreitung von Rissen, die in der Regel von der Oberfläche
ausgehen, nicht in dem Maße begünstigt ist, wie es bei konventionell umgeformten Werkstücken der Fall ist.

6.3 Geometrische Eigenschaften

6.3.1 Oberflächenbeschaffenheit

Die Oberflächenbeschaffenheit von kaltumgeformten Werkstücken
ist vom Ausgangszustand der Rohteiloberfläche, der Werkzeugoberfläche sowie dem Umformverfahren abhängig. Man unterscheidet zwischen Verfahren mit werkzeuggebundener Umformung der
Oberfläche und frei umgeformter Oberfläche. Beim Voll-Vorwärts-
Fließpressen findet ein mehr oder weniger starker Glättungs-
vorgang der Werkstückoberfläche vor allem in Bereich des Fließbundes statt. Die Abbildung der Werkzeugoberfläche hängt dabei
entscheidend ab von der Dicke des Schmierstoffilmes im Bereich
der Umformzone.

Die Ausführungen zeigen bereits, daß die beiden Fließpreßverfahren zur Ausbildung unterschiedlicher Oberflächen führen. So
bleiben an den hydrostatisch fließgepreßten Werkstücken die
von der Rohteilvorbereitung herrührenden Drehriefen als deutlich sichtbare Markierungen erhalten.

Im Bild 68 sind die Oberflächenmeßschriebe einer hydrostatisch
(Teilbild a) und einer konventionell gepreßten Probe (Teil-

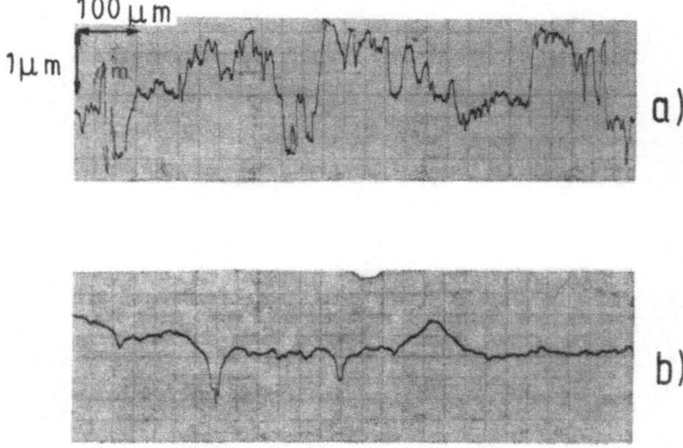

a) hydrostatisch fließgepreßt
b) mit Werkzeug fließgepreßt

Bild 68: Oberflächenmeßschriebe vom Schaft unterschiedlich
fließgepreßter Proben.

bild b) einander gegenübergestellt. In beiden Fällen wurde
die Messung in Schaftrichtung durchgeführt.

Die Oberfläche der hydrostatisch gepreßten Probe ist gegenüber der der konventionell hergestellten weniger eingeebnet.
Bei konventionell gepreßten Proben wurden häufiger, vor allem
bei Messungen in Umfangsrichtung, tiefere Riefen festgestellt,
die auf Kaltverschweißungen hinweisen. Werden nur die von adhäsivem Verschleiß unbeeinflußten Oberflächenbereiche berücksichtigt, so ergeben sich bei Auswertung von jeweils fünf Proben die in Tabelle 5 aufgeführten Mittelwerte für R_t und R_p.
Die durch werkzeuggebundene Umformung bedingte Glättung der
konventionell gepreßten Proben kommt vor allem in den deutlich niedrigeren Werten für die Glättungstiefe R_p und dem
Profilleeregrad λ_p zum Ausdruck.

Tabelle 5: Am Schaft von Fließpreßproben in Längsrichtung gemessene mittlere Rauhtiefen R_t und Glättungsrauh-
tiefen R_p (Werkstoff: Muk 7).

Probe	Rauhtiefe R_t [µm]	Glättungs- tiefe R_p [µm]	Profilleeregrad $\lambda_p = \dfrac{R_p}{R_t}$
hydrostatisch VVFP $\varphi = 1,3$ 2 α = 40 °	2,0	0,8	0,4
VVFP mit Werkzeug $\varphi = 1,4$ 2 α = 40 °	1,8	0,42	0,23

Bei Messungen in Umfangsrichtung ergeben sich größere Werte,
da sämtliche Riefen in Preßrichtung erfaßt werden. Bei hydrostatisch gepreßten Proben läßt sich durch den Vergleich von
Teilen,die komplett gepreßt und solchen, die ausgeworfen wurden, zeigen, daß der überwiegende Anteil dieser Riefen erst
beim Auswerfer durch mangelnde Schmierung entsteht. Durch die
gute Trennung von Werkzeug und Werkstück treten beim hydrostatischen VVFP weniger und nicht so tiefe Riefen auf.

Insgesamt liegt die ermittelte Rauhigkeit unter den Werten,

die im Schrifttum für die unter Fertigungsbedingungen zu er-
zielenden Oberflächenbeschaffenheiten genannt werden [57].
Dies ist auf den unter Versuchsbedingungen im wesentlichen
fehlenden Werkzeugverschleiß zurückzuführen.

6.3.2 Äußere Abmessungen

Im Schrifttum für das hydrostatische Verfahren genannte Hinweise zur Arbeitsgenauigkeit [7, 47] beziehen sich vor allem
auf die Maßhaltigkeit der Schaftdurchmesser.
Verantwortlich für die Maßabweichungen im Schaftbereich beim
Voll-Vorwärts-Fließpressen ist die elastische Auffederung der
Matrize und vor allem bei hydrostatischen Verfahren die Dicke
des Schmierstoffilms. Bei den hier durchgeführten Messungen
waren die Schaftdurchmesser etwa 0,03 mm kleiner als die Innendurch -
messer der Matrizen .   Konventionell gepreßte Teile sind geringfügig dicker - hier beträgt die Abweichung durchschnittlich 0,02 mm. Die Durchmesserschwankungen über der Schaftlänge sind bei hydrostatisch gepreßten Proben geringfügig
größer, was vermutlich auf ungleichmäßige Ausbildung des
Schmierstoffilms zurückzuführen ist. Inwieweit die Arbeitsgenauigkeit unter Fertigungsbedingungen kontrollierbar ist, erscheint bei dem Einfluß des Schmierfilms zumindest problema-
tisch.

Größere Abweichungen bzw. nicht definierte Verhältnisse treten bei hydrostatisch gepreßten Proben im Kopfbereich auf. Es
handelt sich hier sowohl um Maß- als auch um Formabweichungen.
Anhand des Bildes 69 läßt sich zeigen, daß der Übergang vom
Rohteildurchmesser in den Schulterbereich durch große Radien
gekennzeichnet ist, die sich durch die Druckflüssigkeit frei
ausbilden. Beim konventionellen VVFP dagegen wird das Rohteil
im Aufnehmer gestaucht und nimmt somit auch die Form des Über-
ganges zwischen Aufnehmer und Matrize an.

Besondere Schwierigkeiten bereitet es beim hydrostatischen
Fließpressen, eine definierte Höhe des Kopfes einzuhalten. Zur
elastischen Auffederung der Maschine und des Werkzeuges kommt
hier noch die vergleichsweise große Kompressibilität der Druckflüssigkeit und der nicht vorhersehbare Verlust derselben.

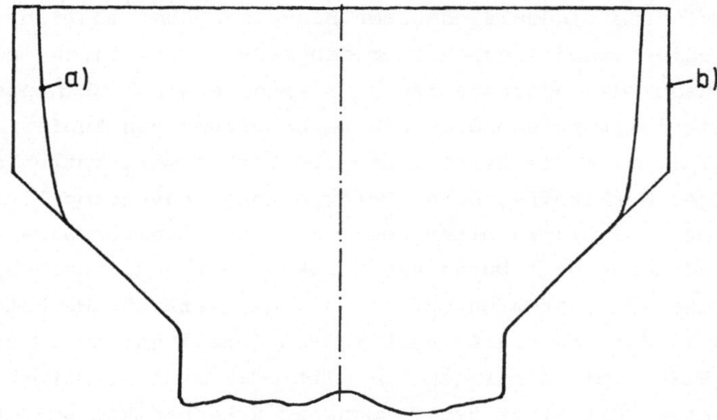

Bild 69: Kopfform von hydrostatisch a) und konventionell b)
gepreßten Proben.

Selbst unter strengster Einhaltung der Flüssigkeitsvolumina
sind daher große Längenschwankungen des Kopfes bzw. natürlich
auch des Schaftes die Regel.

Im Schrifttum finden sich neben Hinweisen über mögliche Anwendungsgebiete auch Angaben über den bereits erfolgten industriellen Einsatz des hydrostatischen Strangpressens. Es handelt
sich hierbei vorwiegend um die Verarbeitung von Kupfer und
Aluminium sowie die Herstellung von Verbundwerkstoffen oder
sonstiger Werkstoffe, deren Verarbeitung konventionell nur unter großen Schwierigkeiten oder gar nicht möglich wäre. In der
vorliegenden Arbeit wurde die Stückgutfertigung durch hydrostatisches Fließpressen untersucht. Als Werkstückwerkstoffe
wurden in der Hauptsache auch konventionell gut zu verarbei-
tende Stähle mit niedrigem bis mittlerem Kohlenstoffgehalt
eingesetzt. Mit Hilfe der gewonnenen Erkenntnisse soll nun
versucht werden, Hinweise für die Möglichkeiten des industriellen Einsatzes zu erarbeiten.

Betrachtet man zunächst den für das hydrostatische Voll-Vorwärts-Fließpressen zu betreibenden Werkzeugaufwand, so ist
dieser - abgesehen von der Dichtungskonstruktion zur stempelseitigen Abdichtung des Druckraumes - mit dem für das konventionelle Fließpressen vergleichbar. Unter Umständen muß, wie
in Abschnitt 3.1.1 erläutert wurde, wegen des Einbaus der Dichtungskonstruktion die Dimensionierung des Schrumpfverbandes
größer gewählt werden, um Innendrücke $p_{izul} > 20$ kbar verwirk-
lichen zu können. Teilweise wird geringfügiger Werkzeugmehraufwand dadurch kompensiert, daß in einem Aufnehmer, bedingt
durch die Stützwirkung der unter Druck stehenden Flüssigkeit,
jede beliebige Rohteilgeometrie eingesetzt werden kann.

Bei einem Vorstoßen in höhere Druckbereiche ist mit Sicherheit
aber auch die in der vorliegenden Arbeit untersuchte Dichtungskonstruktion zu überarbeiten. Im Bereich bis 13 kbar hat das
beschriebene statische Dichtungselement den Druckraum ausreichend abgedichtet. Durch gezielte Werkstoffauswahl für die
einzelnen Komponenten ist eine weitere Steigerung des zulässigen Innendrucks möglich.

Die unter Versuchsbedingungen ermittelten Standzeiten der

Dichtung sind für einen industriellen Einsatz nicht ausreichend, zumal sich der Wechsel der Teile schwierig und langwierig gestaltet. Es wurden jedoch auch hier durch geringfügige Änderungen der Geometrie, insbesondere der Stahlhülse, bereits Verbesserungen erzielt. Insgesamt läßt sich feststellen, daß das beschriebene Dichtungssystem gegenüber den aus dem Schrifttum bekannten dynamisch beanspruchten Dichtungen bereits eine Verbesserung darstellt und der erforderliche Werkzeugmehraufwand vertretbar erscheint.

Gegenüber dem konventionellen Verfahren ist beim hydrostatischen Fließpressen ein zusätzlicher Arbeitsschritt - das Einfüllen der Druckflüssigkeit - auszuführen. Bei einer entsprechenden Automatisierung mit Hilfe von Dosiereinrichtungen dürfte dies jedoch keine entscheidende Verlängerung des einzelnen Arbeitszykluses bewirken.

Bei der Auswahl der Druckflüssigkeit ist neben den Gesichtspunkten Optimierung der Reibungsbedingungen und der Haftung auf dem Werkstück auch noch das Verhalten des Schmierstoffs unter hoher Druckbelastung zu berücksichtigen. Die Ausbildung eines Schmierfilms ist, wie gezeigt wurde, stark von der Rohteilgeschwindigkeit und der dynamischen Viskosität der Druckflüssigkeit abhängig. Bei Verwendung von Druckflüssigkeiten, die unter Druck eine erhebliche Zunahme ihrer Viskosität zeigen, sind auch bei niedrigen Stempelgeschwindigkeiten hydrodynamische Schmierbedingungen möglich. Damit verbunden ist der Vorteil sehr niedriger Reibungsverluste im Bereich der Umformzone. Hinzu kommt der Wegfall der Reibung zwischen Aufnehmerwand und Werkstück und es ergeben sich erheblich geringere Werkzeugbelastungen bzw. bei gleicher zulässiger Druckbeaufschlagung sehr viel größere Umformungen.
Ob dieser Vorteil allein den verfahrenstechnischen Zusatzaufwand lohnt, hängt sicherlich vom Einzelfall ab. Die Eigenschaften der gefertigten Werkstücke sind ein zusätzliches Entscheidungskriterium. Beim hier hauptsächlich untersuchten unlegierten Stahl Muk 7 konnten Unterschiede zwischen hydrostatisch und konventionell gepreßten Teilen in der Kerbschlagzähigkeit und vor allem in der Dauerschwingfestigkeit festge-

stellt werden.

Weitere Unterschiede ergeben sich in der Mikrogeometrie, d.
h. in der Oberflächenausbildung und auch in der Form- und Maßgenauigkeit der Teile. Insbesondere die Einhaltung von Schaft-
und Kopflängen ist mit großen Schwierigkeiten verbunden. Eine
Nachbearbeitung der hydrostatisch fließgepreßten Teile ist un-
umgänglich.

Eine vorteilhafte Anwendung des hydrostatischen Verfahrens ist
nach den vorliegenden Ergebnissen vor allem bei höherfesten
Werkstoffen und dynamisch hochbeanspruchten Werkstücken denkbar. Erzielbare hohe Umformgrade bei der Verarbeitung weicher
Werkstoffe, wie etwa des Muk 7, führen lediglich beim hydrostatischen Strangpressen durch den Einsatz größerer Blockgewichte (großes l_0/d_0-Verhältnis) zu Vorteilen.

Aus dem Schrifttum ist das hydrostatische Strangpressen hinreichend bekannt. Auch über die industrielle Anwendung dieses
Verfahrens ist bereits mehrfach berichtet worden. Ziel der
vorliegenden Arbeit sollte es sein, die Einsatzmöglichkeiten
für das hydrostatische Fließpressen von niedrig- und mittel-
festen Stählen zu untersuchen.
Die Verfahrensparameter wurden an einem Werkzeug für das Voll-
Vorwärts-Fließpressen untersucht. Als Besonderheit bei der
Werkzeugkonstruktion ist ein statisches Dichtungselement zur
stempelseitigen Abdichtung des Druckraumes zu nennen. Bis
p_i = 13 kbar konnte hiermit eine sichere Abdichtung erzielt
werden. Mit diesem Wirkdruck, der auch gleichzeitig die obere
Grenzbelastung für den doppelt-armierten Aufnehmer darstellt,
konnten die untersuchten Werkstoffe bereits bis zu Umformgraden verarbeitet werden, die konventionell nur mit erheblich
höheren Werkzeugbelastungen denkbar sind. Dies ist auf die
beim hydrostatischen Fließpressen vorherrschenden äußerst
günstigen tribologischen Bedingungen zurückzuführen. Einerseits fällt der Reibungsverlust zwischen Rohteil und Aufnehmerwand fort und andererseits wird unter optimierten Vorgangs-
bedingungen in der Umformzone hydrodynamische Schmierung mit
entsprechend günstigen Reibungsbedingungen erreicht.

Wie die vergleichenden Untersuchungen der Eigenschaften von
hydrostatisch und konventionell fließgepreßten Werkstücken gezeigt haben, sind die gefundenen Unterschiede, insbesondere im
Dauerschwingverhalten, vor allem auch auf die günstigen Reibungsbedingungen beim hydrostatischen Fließpressen zurückzuführen. Durch die geringere Schubumformung in der Randzone
von Kopf und Schulter des Werkstücks kommt es zu einer gegenüber konventionell gepreßten Teilen geringfügig homogeneren
Verteilung der örtlichen Umformgrade.

Ein ausgeprägter günstiger Einfluß des hydrostatischen Druckes
auf Gefüge und mechanische Eigenschaften der fließgepreßten
Teile konnte nicht festgestellt werden.

Schrifttum

[1] Lange, K., Kling, E.: Stand und Entwicklung der Kalt-
massivumformurg. Draht 32 (1981) S. 25 - 30.

[2] Diether, U.: Fließpressen von Stahl im Temperaturbereich 773 K bis 1073 K. Berichte aus dem Institut
für Umformtechnik, Band 54. Berlin /Heidelberg /New
York Springer Verlag 1980.

[3] Sheljaskow, Sh.: Hydrostatisches Dickfilm-Fließpressen
in Neuere Entwicklungen im Bereich der Massivumformung
Seminar Forschungsinstitut Umformtechnik, Stuttgart
Juni 1977.

[4] Fiorentino, R. J.: Comparison of cold, warm and hot
extrusion by conventional and hydrostatic methods.
Metallurgia and Metal Forming 1973 S. 15 - 19.

[5] Chadwick, R.: Developments in design and application
of extrusion presses for metal processing. Internat.
Metals Rev. 25 (1980) S. 94 - 136.

[6] Nishihara, M.: Hydrostatic extrusion for production
applications. NEL /Airapt Int. Conference on Hydrostatic Extrusion 1973 Scotland.

[7] Pugh, H. Ll. D.: Hydrostatic Extrusion - A Review
Annals of the C.I.R.P. Vol. 21/2, 1972.

[8] Alexander, J. M., Thiruvarudchelvan, S.: The Billet
Augmented Hydrostatic Extrusion of Copper. Annals of
the C.I.R.P. Vol XVIV,S. 39 - 52.

[9] Iyenger, H. S. R., Rice, W. B.: Fluid Film Lubrication
in Hydrostatic Extrusion. Annals of the C.I.R.P. XVII
1969, S. 117 - 122.

[10] Wilson, W. R. D., Mahdarian, S. M.: Unsteady Hydrostatic
Extrusion. In Abstracts of the III North American Metal-
working Conference.

[11]   Ruppin, D., Müller, K.: Kaltstrangpressen von Aluminium-
        werkstoffen mit Druckfilmschmierung. Aluminium 56
        1980 (4) S. 263 - 268, Aluminium 56 1980 (5) S. 329 -
        331, Aluminium 56 1980 (6) S. 403 - 406.

[12]   Fiorentino, R. J., Meyer, G. E., Byrer T. G.: The
        Thickfilm Hydrostatic Extrusion Process. ASME Tech-
        nical Paper MF 71 - 103.

[13]   Ruppin, D., Müller, K.: Einfluß der Blockeinsatztem-
        peratur beim hydrostatischen Strangpressen von kupfer-
        ummantelten Aluminiumprofilen. Aluminium 56 (1980)
        S. 523 - 529.

[14]   Nishihara, M.: Dynamic Behaviour and Lubrication in
        Hodrostatic Extrusion. 3. Int. Conference on High
        Pressure. Scotland 1970.

[15]   N. N.: Hydrostatic Extrusion - Forming a Successfull
        Alternative? Metallurgia 1979 S. 649 - 651.

[16]   Seido, M., Mitsugi, S.: Hydrostatisches Strangpressen
        und seine industrielle Anwendung. Journal of Japan
        Society for Technology of Plasticity 21 (1080) S. 942 -
        948.

[17]   Hogland, R., Friborg, S., Ermel, D.: Neue Anwendung
        für Aluminiumlegierungen durch hydrostatisches Strang-
        pressen. Metall 33 (1979) S. 827 - 829.

[18]   Kapustin, A. L., Cechovoj, A. N.: Hydrostatisches
        Fließpressen von Werkzeugstählen mit geringem Umform-
        grad. Kuzn.-Stamp. Proizvod 22 (1980) S. 20 - 22.

[19]   Lorrek , W.: Einfluß von hydrostatischem Druck auf
        Fließspannung und Formänderungsvermögen metallischer
        Werkstoffe. Dissertation TU Clausthal 1972.

[20]   Mohr, V.: Abhandlungen auf dem Gebiet der technischen
        Mechanik. Berlin Wilhelm Ernst Verlag 1906.

[21]   v.Karman,Th.:Festigkeitsversuche unter allseitigem
       Druck. VDI Zeitschrift 55 (1911) S. 1749 - 1757.

[22]   Bridgeman , P. W.: Studies in large plastic flow of
       materials under high pressure. Rev. Modern Physiks 18
       (1946) S. 93 - 291.

[23]   Haasen, P., Lawson, A. W.: Einfluß hydrostatischen
       Drucks auf die Zugverformung von Einkristallen. Zeit-
       schrift f. Kristallkunde 49 (1958) S. 280 - 291.

[24]   Antonov, E. A., Novikov, V. A.: Einfluß des hydrosta-
       tischen Druckes auf mechanische Eigenschaften und
       Textur der AD1-Legierung. Kuzn.-Stamp. Proizvod. 22
       (1980) S. 11 - 12.

[25]   Sheljaskow, Sh.: Untersuchung eines Werkzeugaufbaus
       für das hydrostatische Fließpressen. Interner Bericht
       des Instituts für Umformtechnik, Univ. Stuttgart,
       nicht veröffentlicht.

[26]   Ruppin, D., Müller, K.: Vergleichende Untersuchung des
       Hydrafilmpressens und des indirekten Strangpressens mit
       hydrostatischen Schmierverhältnissen. Aluminium 55
       (1979) S. 711 - 715.

[27]   Schulz, E.: Berechnung von vorgespannten Preßwerk-
       zeugen für das Kaltformen von Stahl. Draht 16 (1965)
       S. 546 - 557.

[28]   Bäck, U.: Maschinen für das hydrostatische Strangpres-
       sen von Metallen. Industrie-Anzeiger 98 (1976) S. 1494 -
       1496.

[29]   Bogojawlenski, K. N., Ris, W. W., Suchick, W.: Unter-
       suchung des hydrostatischen Extrusionsverfahrens. Fer-
       tigungstechnik und Betrieb 29 (1979) S. 751 - 753.

[30]   Lange, K.: Lehrbuch der Umformtechnik, Band 2, Massiv-
       umformung. Berlin/Heidelberg/New York: Springer 1974.

[31]   Schaub, W.: Mechanische Eigenschaften halbwarm fließge-
        preßter Sintermetalle auf Eisenbasis. In "Neuere Ent-
        wicklungen in der Massivumformung".Stuttgart: Juni 1981.

[32]   Geleji, A.: Bildsame Formgebung der Metalle. Berlin:
        Akademie Verlag 1967.

[33]   Billigmann, J. u. H. D. Feldmann: Stauchen und Pressen,
        2. Aufl. München: Carl Hanser Verlag 1973.

[34]   Pugh, H. Ll. D.: Behaviour of Materials under Pressure.

[35]   Avitzur, B.: Metal Forming - Process and Analysis.
        New York: McGraw Hill 1968.

[36]   Nishihara, M.: Hydrostatic Extrusion for Production
        Applications. NEL/Airapt International Conf. on hydro-
        static Extrusion 1973.

[37]   Pugh, H. Ll. D.: Hydrostatic Extrusion - A Review. An-
        nals of the CIRP, Vol. 21/2, 1972, S. 167 - 186.

[38]   Johnson, W.: J. Inst. Metals 85 (1957), S. 403.

[39]   Pöhlandt, K., Nester, W.: Bestimmung von Fließkurven im
        Stauchversuch. Ein Überblick Teil I. Draht 32 (1981) 2
        S. 70 - 75.

[40]   Breme, J.: Hydrostatisches Strangpressen: Eigenarten und
        Einflüsse beim Umformen von Metallen. Maschinenmarkt 85
        (1979) S. 1112 - 1114.

[41]   Sheljaskow, Sh.: Dickfilm-Kaltfließpressen. Draht 31
        (1980) S. 274 - 277.

[42]   Wilhelm, H.: Untersuchungen über den Zusammenhang zwi-
        schen Vickershärte und Vergleichsformänderung bei Kalt-
        formvorgängen. Bericht Nr. 9 aus dem Institut für Um-
        formtechnik, Girardet Essen 1969.

[43]   Lamberg, E. R., Bekaert, N. V., Lengyel, B.: Hydrostatic
        Extrusion-Drawing of Stainless Steel Wire: Process and
        Product Properties. Annals of the CIRP Vol. 22/1 1973,
        S. 75 - 76.

[44] Kerspe, J. H.: Abstreckgleitziehen von nichtrostenden
      austenitischen Stählen. Bericht Nr. 53 Institut für
      Umformtechnik Universität Stuttgart, Springer, Berlin
      Heidelberg New York 1980.

[45] Dannenmann, E.: Kraft und Arbeitsbedarf beim Halbwarm-
      fließpressen von Stahl. In "Neuere Entwicklungen im
      Bereich der Massivumformung" Stuttgart: 1977.

[46] Laue, K., Stenger, H.: Strangpressen-Verfahren-Maschinen-
      Werkzeuge. Aluminium Verlag Düsseldorf 1976.

[47] Geiger, R.: Umformen unter Anwendung eines hydrostati-
      schen Druckes. In Lehrbuch der Umformtechnik Band 3,
      herausgegeben von K. Lange, Springer-Verlag Berlin
      Heidelberg New York 1975.

[48] Hußmann, W.: Kerbschlagarbeit von Baustahl-Maß für
      Sprödbruchneigung. Bänder Bleche Rohre 8,1980, S. 360 -
      363.

[49] Beelich, K.-H.: Werkstoffpraktikum. Vogel-Verlag, Würz-
      burg:1971.

[50] Schmidt, W.: Werkstoffverhalten bei schwingender Bean-
      spruchung. Thyssen Edelstahl Technische Berichte 7,
      1981, S. 55 - 71.

[51] Böhm, H.: Einführung in die Metallkunde. Bibliographi-
      sches Institut Mannheim Wien Zürich 1968.

[52] Streng, H.: Möglichkeiten zur Steigerung der Dauer-
      schwingfestigkeit von Bauteilen. In: Richtige Werk-
      stoffauswahl-Schlüssel zur Optimierung technischer Er-
      zeugnisse, Technische Akademie Esslingen 1981.

[53] Maurer, K. L., Fischmeister, H. (Hrsg.): Gefüge und
      Bruch Gebr. Borntraeger Berlin Stuttgart 1977.

[54]   Rodermund,H.: Extrapolierende Berechnung des Viskositätsver -
       laufes unter hohen Drücken. Schmiertechnik und Tribologie 27
       (1980) S. 3 - 5 .

[55]   Lange, K.: Arbeitsgenauigkeit. In: Lehrbuch der Umform-
       technik Band 1, herausgegeben von K. Lange, Springer-
       Verlag Berlin Heidelberg New York, 1972.

[56]   Pugh, H. Ll. D.: Recent Developments in cold forging.
       Bulleid Memorial Lectures 1965, Vol. III A.

[57]   Burgdorf, M.: Maßgenauigkeit, Oberflächenbeschaffenheit
       und Festigkeitseigenschaften von Kaltfließpreßteilen.
       In:"Neuere Entwicklungen im Bereich der Massivumfor-
       mung" Seminar Stuttgart: 1977.

[58]   Diether, U.: Gebrauchseigenschaften halbwarm umgeform-
       ter Werkstücke. In: "Neuere Entwicklungen im Bereich
       der Massivumformung" Seminar Stuttgart: 1977.

[59]   Hirschvogel, M.: Sonderverfahren der Kaltmassivumfor-
       mung. Werkstatt und Betrieb 112, 1979, S. 721 - 726.

Die Berichte 1 bis 50 sind zu beziehen durch das Institut für Umformtechnik. Holzgartenstr. 17, 7000 Stuttgart 1

Die Berichte 51 und folgende sind zu beziehen durch den Springer-Verlag, Berlin Heidelberg New York Tokyo